东方二十四节气

主 编 郭蓉娟 闫剑坤

全国百佳图书出版单位
中国中医药出版社
·北 京·

图书在版编目（CIP）数据

东方二十四节气 / 郭蓉娟，闫剑坤主编. -- 北京：中国中医药出版社，2024.12（2025.3重印）

ISBN 978-7-5132-9151-4

Ⅰ．P462-49

中国国家版本馆 CIP 数据核字第 20246TB491 号

中国中医药出版社出版

北京经济技术开发区科创十三街 31 号院二区 8 号楼

邮政编码　100176

传真　010-64405721

河北省武强县画业有限责任公司印刷

各地新华书店经销

开本 880×1230　1/32　印张 8　字数 183 千字

2024 年 12 月第 1 版　2025 年 3 月第 2 次印刷

书号　ISBN 978 - 7 - 5132 - 9151 - 4

定价　49.00 元

网址　www.cptcm.com

服 务 热 线　010-64405510

购 书 热 线　010-89535836

维 权 打 假　010-64405753

微信服务号　zgzyycbs

微商城网址　https://kdt.im/LIdUGr

官方微博　http://e.weibo.com/cptcm

天猫旗舰店网址　https://zgzyycbs.tmall.com

如有印装质量问题请与本社出版部联系（010-64405510）

《东方二十四节气》
编委会

主　编　郭蓉娟　闫剑坤

副主编　曹建春　沈　潜　闫　妍　匡　武

编　委（按姓氏笔画排序）

丁一芸　　丁晓庆　　马元月　　马翔宇

王嘉麟　　韦　尼　　白　桦　　白　霄

冯雯雯　　邢　佳　　刘　杨　　刘雨涵

刘绍明　　李　岩　　张　艳　　张　淼

陈自佳　　陈宝鑫　　易　莎　　季　伟

周丹袂　　赵欣然　　荣光财　　段金宇

徐　翠　　郭春艳　　曹云松　　梁建栋

韩　良　　程苗苗　　谢连娣　　霍婧伟

魏　帼

序　言

　　中华优秀传统文化是中华民族的精神命脉，也是我们在世界文化激荡中站稳脚跟的坚实根基。

　　二十四节气是古人通过观察太阳周年视运动，认知一年中时令、气候、物候等方面变化规律所形成的知识体系和社会实践。其植根于农耕文明，融会了先进的农学思想及人与自然和谐相处的文化理念，是中国农业文明的智慧结晶，是中华优秀传统文化的重要载体，更是中华优秀传统文化中文明成果的典型代表。而人与自然界作为有机统一的整体，有着与万物同步的机体反应。如《黄帝内经》认为肝主春，心主夏，肺主秋，肾主冬。

　　中医药学是中国古代科学的瑰宝，也是打开中华文明宝库的钥匙。中医药文化作为中华优秀传统文化的重要组成部分，凝聚着千百年来中国人的智慧，守护着中华民族的繁衍生息，具有防病治病的独特优势和作用。《黄帝内经》曰"人以天地之气生，四时之法成""天有四时五行，以生长收藏……人有五脏化五气，以生喜怒悲忧恐"。可见，二十四节气与中医药学密切相关。其影响着人体的生理病理，同时与中华传统文化中的养生理念一脉相承。

　　基于中华传统文化中的养生理念，中华中医药学会郭蓉娟名医名家科普工作室携手北京中医药大学东方医院宣传科收集整理医院专家撰写的科普文章，编辑出版《东方二十四节气》一书，旨在面向群众普及与二十四节气相关的中医养生健康知识，推广中华优秀传统文化，提高全民健康意识水平，服务人民生命健康，推进健康中国建设。

　　感谢所有参与本书编写的专家们秉承着严谨负责的学术态度，对每篇文章进行认真细致的把关；感谢所有为本书进行漫画创作、文稿审阅、文字校对及出版工作的朋友们的辛勤劳动与无私奉献。本书内容难免挂一漏万，对于其中不当之处，敬请同道斧正，以便再版时完善提高。

中华中医药学会郭蓉娟名医名家科普工作室

2024 年 7 月 11 日

目 录

扫码听音频
节气养生新体验

节气由来好神秘

工人甲说："一年多来，这位老人每天都对着一根棍子，他在测量什么呢？"

工人乙说："是啊，他每天中午都在这里写写画画的，不知道在做什么。你看，旁边还有一位年轻人在看他，真是奇怪。"

小白问："敢问先生，您每天中午都在这里用棍子测量，是在测量影子吗？"

先生说："小伙子不错啊，才几天就看出门道了。"

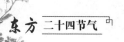

先生说："我在用古法土圭实测日晷呢。你看看这张图。"

小白说："先生，这张图好奇怪啊，好像是太极图，但是怎么还有二十四节气呢？这与太极图有什么关系吗？"

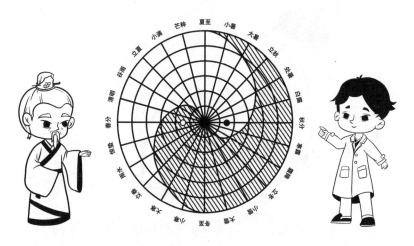

先生说："你看我立的那根棍子，每天正午的时候，它的影子的长度是不一样的，而且方向也不一样。冬至时，它的影子最长；夏至时，它的影子最短；春分和秋分时，它的影子长度刚好只有冬至和夏至影子长度之差的一半。根据影子的长短，按照比例最后就绘制出这张图了。

"古人将每年日影最长的那天定为'日至'（又称日长至、长至、冬至），日影最短的那天定为'日短至'（又称短至、夏至）。在春秋两季各有一天的昼夜时间长短相等，便将这两天分别定为'春分'和'秋分'。

"在商代，只有 4 个节气；到了周代，发展为 8 个节气；到了秦汉时期，二十四节气已完全确立。"

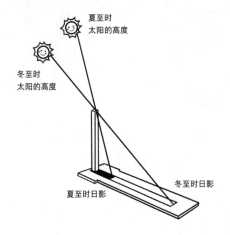

小白说："原来是这样。每年日影最长的那天是'日至'；日影最短的那天是'日短至'；春秋两季各有一天的昼夜时间长短相等，分别是'春分'和'秋分'。这真是一个大循环啊！"

先生说："节气实际上就是一段时间的气。二十四节气就像竹子一样，一节一节连在一起。节气的变化与太阳相关，所以二十四节气用的是太阳历。节气中还暗含了许多养生的道理呢。"

先生又说："我看咱们有缘，你拜我为师，我慢慢教你吧。"

小白连忙行礼，说："谢谢师父！"

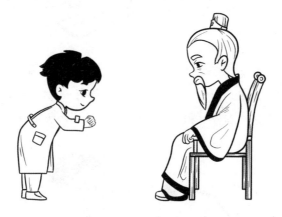

北京中医药大学东方医院心血管内科副主任医师　匡武

立春为首排第一

小白问："师父，这张图中显示冬至的时候阴影最长，夏至的时候阴影最短。为什么一年中的第一个节气是立春，而不是阴影最短或最长的夏至或冬至呢？"

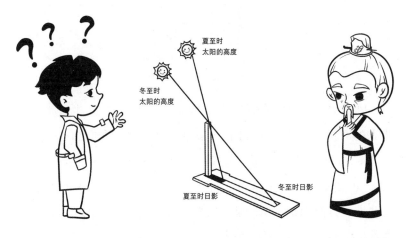

师父说："这个问题问得好，我们需要辩证分析。我们现在使用的二十四节气，公认最早定型于《淮南子·天文训》，并且二十四节气的确是以冬至为开端的。不过《淮南子·时则训》记载第一个节气是立春。《淮南子·天文训》研究的是天文，其是用北斗七星勺柄在初昏时刻所指方向来定义的，也就是说其是依据斗柄指向来确定二十四节气的。"

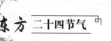

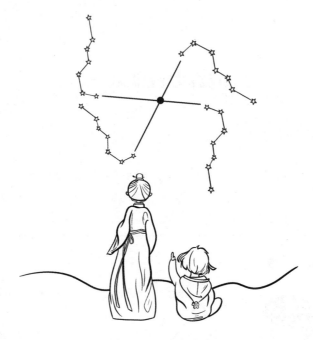

　　师父指着一张图说："你看这张图，北斗七星斗柄指向正北方的时候代表着冬至到了。斗柄指向东北方向时，对应的是立春。司马迁在《史记·律书》中说'气始于冬至，周而复生'。也就是说，古人认为气自冬至开始生，加上斗柄刚好指向正北方，方便识别，所以从天文学角度来看，二十四节气以冬至为首。

　　"而《淮南子·时则训》是研究历法和四时寒暑的。则就是法则，时则就是四时的法则。四时就是春夏秋冬。《淮南子》称二十四节气为'二十四时'，实际上是对春夏秋冬四时的进一步细分。四时的法则当然要从春天开始。如果冬至为节气之首，就会出现冬春夏秋，这便违背了春夏秋冬的四时顺序。因此，我们以立春为二十四节气之首。"

小白说："原来还有这么深的学问呢！那我想这个'立'字，就是确立标准的意思吧。"

师父说："是的，立还有启的意思，立春就是开启春的气候的意思。早在《黄帝内经》中就有依据古代天文历法系统进行疾病灾害预测的记载。其中的年预测以岁首冬至为基准点，以冬至45日后的立春为年首始点，古人将其称为条风至，并通过观察立春正月朔日的风向、风力来确定是否有灾害和疾病的发生。小白你回去要好好研习一下这段原文。"

小白说："好的，弟子拜谢师父。"

北京中医药大学东方医院心血管内科副主任医师　匡武

万物复苏立春来，小儿抽动别慌张

　　立春是二十四节气中的第一个节气，是春季的开始。在人们心中，春意味着风和日暖、鸟语花香，也意味着万物生长，却不知道春是很多疾病容易复发或者加重的季节，自古就有"百草发芽，百病发作"的说法。小儿抽动症就是好发于春季的一种疾病。中医学认为，春天在五行中属木，而人体五脏之中肝也属木，因而春气通肝。春天，肝气旺盛而升发，肝风内动，走窜四肢，所以人体容易出现类似自然界风吹树摇的肢体、面部等部位的抽动症状，或在原有疾病基础上又增加新的抽动症状，这就是中医朴素的"取类比象"思维的具体体现。

对于抽动症患儿，及时有效的治疗是极为重要的。如果延误最佳治疗时机，不仅会导致继发学习困难，甚至会影响心理、社交，给家庭带来不良影响和负担。除治疗外，更应鼓励患儿保持良好的心态。因为抽动症的确诊多在学龄期，这时的孩子已经具备了一定的思考判断能力，家长要以适当的方式将此病告诉孩子，使其能够避免情绪波动，从而减轻症状。

首先，患儿应树立战胜疾病的信心，确信自己的病是可以治好的，积极配合医生的治疗。了解自己不可控制的症状是疾病导致的，就像头痛时人们会下意识按住头部一样自然。不要轻视自己，应主动和同学交往以增进友谊。

当抽动症影响学习，导致成绩下降时，要知道这只是暂时的，自己通过努力是可以追赶上来的。

其次，抽动症患儿平时要少看电视，不玩游戏机，不看恐怖类型的影视剧；与同学和善相处，不打架斗殴，尽量控制自己的不良冲动行为；预防感冒，早睡早起，锻炼身体，及时增减衣物；摆正心态，正视疾病，相信下一个春天定会阳光明媚！

北京中医药大学东方医院儿科副主任医师　陈自佳

立春正确做"春捂"，风湿疾病不反复

立春为二十四节气之首。冬季人们都愿意待在温暖的室内。而从立春这一天起，大多数人开始增加户外活动，并逐渐脱去厚重的衣物。古人为什么会把立春确立为春季的开始呢？

要想解答这个问题，就不得不提及我国的"观星文化"。二十四节气是古代农耕文明的产物，是以北斗七星斗柄旋转指向确定的。

先秦时期，古人就依据斗转星移来确定每年的岁时。《淮南子·天文训》记载："帝张四维，运之以斗，月徙一辰，复返其所，正月指寅，十二月指丑，一岁而匝，终而复始。"也就是说，一年十二个月，周而复始，岁末十二月指丑方，正月又复还寅位。斗柄回寅，即春回大地，进入全新的循环，万象更新，新岁开启。

由此可见，立春标志着万物闭藏的冬季已经过去，即将进入风和日暖、万物生长的春季。在我国的北回归线及其以南的区域，此时已经可以明显感觉到早春的气息。但由于我国幅员辽阔，南北跨度大，广大北方地区万物尚未复苏，天气仍然比较寒冷。对于风湿病患者而言，做好"春捂"非常重要。

一、确定"捂"的时间与程度

首先，"春捂"的时间、程度要依体质而定。老年风湿病患者或病程长久、体质较弱的风湿病患者，由于对外界气温变化较

为敏感，因此"春捂"的时间可以长一些，厚衣服也可以适当多穿一些。对于中青年风湿病患者，"春捂"的时间可以短一些，厚衣服也可以适当少穿一些。

其次，"春捂"的时间、程度要参照外界气温而定，即随时关注气温变化。如昼夜温差较大，白天最高气温未达到15℃时，应当坚持"捂"；若昼夜温差已不大，白天最高气温稳定在15℃以上时，可以缩短"捂"的时间、降低"捂"的程度。

二、挑选关键部位重点"捂"

"春捂"绝不是从头到脚裹得严严实实，而是挑选关键部位重点"捂"。如以手足关节疼痛为主要症状的患者，要做好手足保暖；而以颈痛、腰痛为主要症状的患者，则需要做好脊柱关节保暖。除此之外，人体颈部、腰部、肚脐、足底等是最易受寒湿邪气侵袭的部位，在"春捂"时也应该重点关注。围巾、护腰、毛衣、棉鞋等都是必需的。

三、"捂"的同时不忘体育锻炼

适当的体育锻炼可以促进身体气血运行，增强机体抵抗力，帮助身体适应外界气温变化。尤其对于病情处于稳定期的风湿病患者，体育锻炼可以增强肌肉力量，保持关节稳定性，预防肌肉萎缩的出现。

北京中医药大学东方医院风湿科副主任医师 韦尼

雨水时节降水多

师父说："小白，你今天来得挺早的。这么一个大晴天，你怎么还带着雨伞啊？"

小白答道："师父，今天是雨水啊，说不定一会儿就下雨了，我还给您带了一把雨伞呢！"

师父笑着说："哈哈哈，谢谢小白。之前我们说过，古代先贤根据北斗七星斗柄的指向划分出二十四节气。冬至后 45 日北斗七星斗柄指向正东北方的七宿星之一——虚宿，又过了 15 日，斗柄转至危宿，这个时候就是雨水节气日了。雨水在每年公历 2 月 19 日前后，太阳黄经达 330° 时。"

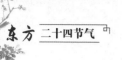

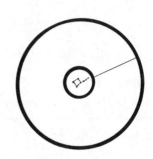

师父又说："关于二十四节气的命名，有的确实是根据物候变化而来的。'候'其实是一个时间名词。古人把五日定为一候，这可能是依据五行学说。每一个节气有十五天，也就是有三候。古人关于雨水三候的描述为'一候獭祭鱼，二候鸿雁来，三候草木萌动'。意思是雨水节气的前五天，水獭开始捕鱼了，其将鱼摆在岸边如同先祭后食的样子；五天过后，大雁开始从南方飞回来了；又过五天，草木开始抽出嫩芽。如此看来，似乎雨水这个名字与三个物候没有多大关系。而在《月令七十二候集解》中也有关于雨水名字的解释'正月中，天一生水。春始属木，然生木者必水也，故立春后继之雨水。且东风既解冻，则散而为雨矣'。意思是此时气温回升、冰雪融化、降水增多，故取名为雨水。我国幅员辽阔，雨水节气过后，只能说我国大部分地区已无严寒，也不多雪，下雨开始增多，但并不是所有地方都是如此。对于养生而言，要顺时顺势，不要死于句下。"

小白说："这下我都明白了，谢谢师父。不过，今天感觉好晒啊，我们把伞换个用法，用它来遮阳吧！"

师父笑道："哈哈哈，好。"

北京中医药大学东方医院心血管内科副主任医师　匡武

乍暖还寒雨水生，起居有常健康行

雨水是二十四节气中的第二个节气。春天气候的特点是乍暖还寒、干燥多风。所以，在这个季节里，我们应注意防寒防风，保暖保湿，保护心之阳气；同时要调畅情志，按时起居，保持心情愉快。

一、"春捂"防寒，下厚上薄

雨水之后，气温仍然偏低，同时由于空气中水分增加，导致气温不仅低，而且寒中有湿，所以要"春捂"，护卫生发之阳气，尤其注意腿脚的保暖。我们可以遵循"下厚上薄"的穿衣原则，将保暖的重心放在下半身，做好腿脚的保暖工作。

二、夜卧早起，调畅情志

春天万物复苏，人体应该顺应节气特点，顺应自然生长的节奏，早睡早起，增加运动量，可以多到户外活动，劳逸结合，保持心情愉快，遵循自然变化的规律，使生活节奏随着时间、空间和四时气候的改变进行调整，达到天人合一。

三、饮食调养，少酸多甜

雨水时节是饮食调养的好时机。春季饮食应少吃酸味，多吃甜味，以养脾脏之气，脾气充则心气足。春季气候转暖，然而风多物燥，常会出现口舌干燥、嘴唇干裂等现象。食物以平性为宜，应多吃新鲜蔬菜、多汁水果以补充人体水分。另外，可多食大枣、山药、莲子、韭菜、菠菜、柑橘、蜂蜜、甘蔗等。气虚者，即经常感到乏力、气短、口干的人，可以根据医生的建议服用一些具有益气健脾养阴作用的中药进行调理。

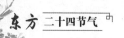

四、运动健身，练习舌操

春天，很多人容易口干舌燥、体倦失眠，我们可以通过练习舌操进行调整。舌操简单易行，可分为以下六节。

（一）伸舌运动

舌向口外缓慢、用力伸出。主要锻炼舌内肌群中的舌垂直肌和部分舌外肌功能。

（二）卷舌运动

舌尖抵至上犬齿龈，沿着硬腭用力向后卷舌。主要锻炼舌内肌群中的舌上纵肌和部分舌外肌功能。

（三）顶腮运动

舌尖用力顶在左腮部，复位后同法用力顶在右腮部。主要锻炼两侧舌内肌群及舌横肌和峡部各肌群等。

（四）咬舌运动

用上下齿轻咬舌面，边咬边向外伸，同法缩回口内，咬一下发一声"da"的声音。主要锻炼舌内肌群中的舌垂直肌、部分舌外肌和口轮匝肌等。

（五）弹舌运动

舌尖抵至硬腭后快速在口内上下弹动。主要锻炼舌内肌群中的舌上下纵肌和部分舌外肌。

八拍为一套动作，共循环做四次。

（六）吞津运动

在上述操练中，每当津液盈口时，可分三次缓缓咽下。

北京中医药大学东方医院心血管内科副主任医师　李岩

雨水养生脾胃护，保暖祛湿阳气固

雨水是二十四节气中的第二个节气，正值每年农历正月十五前后（公历 2 月 19 日前后）。雨水和谷雨、小雪、大雪一样，都是反映降水现象的节气。

在我国南方有雨水时节吃春笋的习俗，寓意节节高升。

雨水有三候"一候獭祭鱼，二候鸿雁来，三候草木萌动"，昭示着气温回升，冰雪融化，万物萌动。但正是这样乍暖还寒的时候，更需要"春捂"防"倒春寒"。

寒湿属阴邪。在这个阳气初升的时节，女性尤需注意防寒湿。《黄帝内经》认为，湿气通于脾。若湿困脾胃，水湿痰浊便会在体内蓄积停滞而致病，如消化系统疾病，或女性生殖系统炎症，包括带下、阴痒或盆腔炎、月经不调等。所以，雨水时节要加强防寒保暖、健脾除湿。

春三月，发陈，勿杀，勿夺，勿罚。

一、饮食调护

雨水时节多是在正月里，我们应勿食气味凛冽的食物，以防夺精泄气；少吃生冷油炸，苦寒败胃的食物，以固护脾胃阳气；

勿食蛰藏不时之物（蛙、蛇、龟、鳖等）；多吃山药、百合、春笋等，以达到健脾的目的。唐代孙思邈提出"春时宜食粥"。春季食粥可补脾养胃，祛浊生清。

二、运动保健

体育锻炼贵在适度，体育项目的选择应做到因人而异。现代人健身多崇尚耗氧运动，过度追求刺激、大运动量。对于体质偏弱的女性或者老年人，还是建议做一些和缓的运动，如散步、慢跑、游泳（非冬泳）、做八段锦、打太极拳等。这些运动同样可令气血畅通，加快身体排出湿气和代谢产物，振奋阳气。

三、起居保健

1. 洗头后及时吹干。洗头之后及时用热风吹干，避免水湿留于发际间，湿寒聚于头部，导致头痛、偏头痛。不建议晨起或者睡前洗浴，以防影响阳气的生发和敛藏。

2. 淋雨后，私密部位要注意。在淋雨涉水后要尽快清洁，雨水中有较多的致病菌，皮肤易过敏者会出现斑丘疹，严重的还会出现水疱和肿胀。女性更要注意外阴的清洁，避免细菌诱发外阴炎、阴道炎。

3. 多晒太阳。经常晒太阳有助于温补阳气，改善因阳虚而出现的四肢厥冷、手脚冰凉等情况。多晒太阳对于祛除体内湿气也十分有益。

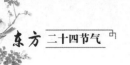

4.重视足浴。俗话说"寒从脚起，湿从下入"。脚素有"人体的第二心脏"之称。全息理论认为，足底有 69 个人体反射区。足疗也有着悠久的历史。每晚睡前用热水泡脚，能起到很好的散寒除湿效果。

5.一组祛湿穴——阴陵泉＋委中。阴陵泉是足太阴脾经穴位。每日揉按阴陵泉 10 分钟，至局部有酸胀感为宜，可健脾益气，

促进脾运化水湿。委中是足太阳膀胱经穴位。把手掌搓热，来回搓擦两侧腘窝，间断按压委中，以局部发热、酸胀为宜，可疏通膀胱经，有效祛除身体水湿。

北京中医药大学东方医院二七院区妇科住院医师　易莎

惊蛰春耕不休息

小白问："师父，您这是在画什么呢？"

师父说："我正在根据《国语》《月令》等古籍，还原绘画出古人春耕祭祀的场景。在我国古代，人们是十分重视春耕的，每年春耕时候都会特地举办仪式来祈求丰收。而每一年春耕的正式启动是在惊蛰时节，但准备工作是从立春前后就要开始进行的。从文献中可以看到有关正月孟春进行春耕仪式和农事准备工作的记载。比如，《国语》记载籍礼是从立春之前开始筹备，'太史告稷，瞽人听风'，籍礼前几日天子斋戒，直至惊蛰时节仪式举行。"

月令

（孟春）王命布农事，命田舍东郊，皆修封疆，审端经术。善相丘陵、阪险、原隰、土地所宜，五谷所殖，以教道民，必躬亲之。田事既饬，先定准直，农乃不惑。

师父又说："经过整个孟春的筹备，比如整治公田、勘定田界、修理农具，等到惊蛰时节，就可以不慌不忙地开展大规模的春耕了。"

小白问："敢问师父，古人为什么选择在惊蛰的时候开始春耕呢？"

师父道："惊蛰是春天的第三个节气，距离冬至已经有 75 天了。经过立春的启动，雨水的萌动，此时天地之气开始沟通得更为频繁了。在古代没有天气预报，只能看天，看地，再看周边的事物来决定人类的活动，以不违背天道。《月令》记载惊蛰的时候'雷乃发声，始电，蛰虫咸动，启户始出'，意思是这个时候雷电开始多了起来，潜伏在地里的小虫子都开始活动了，农夫也应该开启门户外出耕作了。《国语》记载'阴阳分布，震雷出滞''土不备垦，辟在司寇'，就是教导人们这个时候要开始农耕了，意思是到这个时候，雷电都不允许偷懒，虫子都出动了，人们再不动就真连懒虫都不如了。"

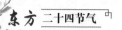

小白笑道："嘻嘻！我可不想当懒虫，我要好好向师父学习。"

北京中医药大学东方医院心血管内科副主任医师　匡武

惊蛰雷声醒万物，舒畅心情伸筋骨

　　惊蛰节气是二十四节气中的第三个节气。惊蛰处孟春之中，蛰虫始闻雷声而动。春雷动，百虫醒，意味着冬天躲藏起来的虫子苏醒出蛰，大地回春，雷声渐多。古人观察到此时雷声惊醒了蛰伏的动物，天气渐暖。

惊蛰期间的民俗活动主要有吃梨、踏青、放风筝、祭雷神、蒙鼓皮、祭白虎等。一些养生哲学也潜藏于日常生活和农作习惯中。饮食、作息、练功、情志调节等都体现了健康意识和文化的传承。

这个季节的饮食很有讲究。惊蛰吃梨的习俗广为流传，梨谐音"离"，惊蛰吃梨有远离虫害和寒冷的寓意。其中还蕴含了养生方法：此时正处于乍暖还寒时候，气候干燥，人易口干舌燥、外感咳嗽。梨性凉味甘，可润肺止咳，滋阴清热。而且春季风动，肝火上炎，肝肺疾病多发，人们情绪急躁易怒，吃梨还可以清热除烦。春季与风气相应，传染病多发，饮食不洁或不节制容易导致胃肠道不适或出现吐泻症状，故饮食应以清淡升发为主，顺应肝气抒发特性，可多吃春笋、菠菜、芹菜、花菜等。

春三月，天地生，万物荣。万物复苏的时候，应该早睡晚起，在室外缓慢散步，有助于提升阳气。规律的起居能保证阴阳气血生化有源，人体经脉循行流畅。

　　合理的饮食习惯、规律的作息，结合适当的运动才能保证人体维持健康状态。惊蛰时节天气变化快，温度忽冷忽热，如何运动才合适呢？专家提醒，此时不宜剧烈运动，毕竟人体刚从寒冷的冬季舒缓过来，故需要循序渐进，外出踏青、郊游、放风筝都是不错的选择。春天与肝气相应，肝主筋，惊蛰时节正是抻筋正骨的好时候。这个时候人体腠理从紧致到疏松，阳气逐渐升发，筋脉渐渐得到气血濡养，春季适当地做一些站立背伸、向上伸展、抬头振臂的动作有利于抒发肝气，提振阳气。对于肩周炎、颈椎病、肩背肌肉劳损、腰椎间盘突出症、膝骨关节炎等颈肩腰腿痛、筋脉屈伸挛缩的疾病，惊蛰是非常好的治疗时机。此时做八段锦中的"两手托天理三焦""摇头摆尾祛心火"等动作是非常合适的。

祭雷神、蒙鼓皮也体现了传统文化中与天时相应的意识。惊蛰起，雷声动，古人想象这是雷神敲击天鼓引发雷声。人间也趁此时蒙鼓皮，以应天时。古代制鼓工匠认为，鼓皮经历了寒冬收缩和春暖舒展，延展性、弹性、韧性都刚好。此时用来制鼓可使鼓声洪亮威猛，敲击时如雷震响，另外振臂击鼓可以抒发肝气，调畅情志。

一年之计在于春，在惊蛰时节保养好身体，许下美好的期望，给一年开个好头，让心情舒畅，身体舒展，一整年都能健康顺利。

北京中医药大学东方医院骨科副主任医师　韩良

仲春时节惊蛰始，心脑血管要养生

惊蛰是二十四节气中的第三个节气。惊蛰名字的由来是天上的春雷惊醒了蛰居的动物，被称为"惊"；由于此前昆虫入冬伏藏土中，不饮不食，被称为"蛰"。惊蛰也标志着仲春时节的开始。

仲春之始，我们该如何养生呢？心脑血管疾病患者在饮食起居方面应该注意些什么呢？

随着天气转暖，阳气渐升，人与天地相应，阳气逐渐由内向外，但还未至充盛状态，而且早晚寒气仍盛，温差大需及时加减衣物。心脑血管疾病患者仍需要防寒保暖，顾护阳气，增强免疫力以抵御外邪，比如在中午气温较高的时段外出晒太阳，以补充自身阳气。在饮食方面，宜清温平淡。惊蛰时节，乍暖还寒，气候比较干燥，除日常生活中的多饮水外，民间素有"惊蛰吃梨"的习俗。梨性味甘凉，有润肺止咳，滋阴清热的功效。梨也有生食、煮、榨汁等不同吃法，我们还可以根据自身体质酌加枇杷、莲子、银耳等一同食用。

先贤有"春夏养阳，秋冬养阴"的古训。惊蛰节气为仲春之始，心脑血管疾病患者在运动方面该如何践行"春夏养阳"的原则呢？

惊蛰节气仍需遵守"春夏养阳"的原则。春天阳气微微生发，尚未达到夏季阳气满壮，所以运动需适度，以微微发汗为宜，同时要做好保暖措施，因为寒从足下生，故应贯彻"春捂"原则。另外，如《黄帝内经》所述"广步于庭""被发缓行"，我们可以选择散步、慢跑、打太极拳、做八段锦、放风筝等运动，在春光中舒展四肢，使肝气升发。同时，也应避免熬夜，不要过度劳累。

大家都明白情绪对人心身健康的影响是至关重要的。心脑血管疾病患者在情志方面应该注意哪些内容呢？

惊蛰节气，应顺应肝木升发条达之气，保持愉悦、平和的精神状态，切忌妄动肝火，否则易患头晕、耳鸣等疾病。心脑血管疾病患者除做好二级预防（对于已发生卒中的患者进行干预，预防卒中复发的策略）外，还需监测血压，若出现头晕、头痛则需及时就诊。中风患者除监测血压、做好二级预防外，还可进行康复推拿治疗，以促进血液循环。

北京中医药大学东方医院康复科主任医师　王嘉麟
北京中医药大学东方医院康复科住院医师　赵欣然

春分竖蛋玩游戏

师父问："小白，你在那干什么呢？"

小白说："师父，刚才我差一点就把鸡蛋给竖起来了。他们说只有今天才能把鸡蛋竖起来，因为今天是春分。"

师父笑道："哈哈，原来你刚才在玩竖蛋游戏啊！这倒是一个古老的游戏，自古就有'春分到，蛋儿俏'之说，一般人们会挑选刚生出四五天、外形匀称、表面光滑的鸡蛋，你看看你选的这颗鸡蛋的外形不是那么匀称，想将其竖起来自然有点难度。其实，先贤们只是想通过这个游戏告诉大家重视阴阳平衡的道理。因为春分这一天，昼夜是等长的，事物都处于平衡状态。古人言'春分者，阴阳相半也，故昼夜均而寒暑平'。同样，秋分也是阴阳相半、昼夜均分的。"

小白问：“为什么只有春分、秋分，没有夏分、冬分呢？分又是什么意思呢？”

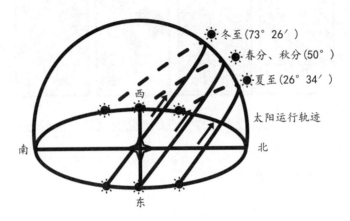

师父答道：“《月令七十二候集解》言‘（夏历）二月中，分者半也，此当九十日之半，故谓之分。秋同义’，意思就是春季90天，春分刚好是在45天这一天，恰好在春季的一半，秋分也正好平分秋季。另外，《明史·历一》记载‘分者，黄赤相交之点，太阳行至此，乃昼夜平分’。所以，春分的分其实有两层含义：一是指古时以立春至立夏为春季，春分正当春季3个月之中间，平分了春季。二是指一天中白天、黑夜平分，各为12小时。”

师父又说：“另外，古人对于一年之中的4个节气十分重视。《左传》记载‘凡分至启闭，必书云物，为备故也’。‘分至启闭’指的就是春分、秋分、夏至、冬至4个重要节气。在古代，人们往往会在这4个节气时举办祭祀活动或者盛大庆典等。其实对于养生而言，这些‘分至启闭’的日子也是非常重要的。因为，这个时候阴阳的消长平衡比较特殊。”

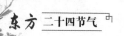

小白说："我去找个匀称一点的鸡蛋再试试，是不是煮熟了更容易立起来呢？"

师父说："我看你是饿了吧。"

北京中医药大学东方医院心血管内科副主任医师　匡武

春分养气健脾胃，疏肝利胆定心神

春分，古时又称"仲春之月"，为二十四节气中的第四个节气，多在每年的 3 月 20 日左右，是"阴阳相半，昼夜均而寒暑平"的时节。

春分是肝木当令时节，要注意与肝、胆、脾、胃相关的疾病，另外与风、湿等病理因素有关的疾病可能会在此时复发，特别是中风患者，容易在气温剧烈变化时出现疾病复发，因此要注意监测慢病指标（血压、血糖、血脂等）。综上所述，疏肝利胆，健脾和胃为春分主要养生及治疗大法。

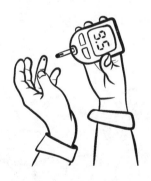

一、衣着继续"捂一捂"

尽管春天到来，但地表温度仍较低，尤其是早晚温差变化大，人们不仅容易受寒感冒，而且会造成血管挛缩，进而导致脑血管病的发生。这也是中风除了在寒冷的冬天容易复发以外，还容易在春天复发的原因。因此，不要过早脱掉冬天的衣物，头部注意戴帽保暖。

二、食物注意有温有凉

春天为升发季节，多吃辛温发散类食物是顺应春天万物复苏的特点，例如葱、姜、蒜、韭菜等，另外还可以吃些应季的蔬菜，如香椿、豆芽等。但是，有些人食用这些食物后会"上火"，且多表现为肝火。这样的人需要进食性质偏凉的食物，例如草莓、鸭梨等，同时由于肝火易克脾土，所以还要进食补脾佳品。总之不要千篇一律，要因人而异。

1. 香椿：可健脾养胃开胃，与鸡蛋同炒，口感更好，但对其过敏者不建议服用。

2. 韭菜："春夏养阳"，春季主要保养阳气，韭菜可以补充人体阳气、健胃补肾。韭菜鲜嫩，含有较多的胡萝卜素和叶酸。叶酸可以治疗高同型半胱氨酸血症。该病是心脑血管疾病的高危因素。所以韭菜算是天然补充之品。另外，其还含有粗纤维，对便秘患者有一定的作用。

3. 草莓：有清热泻火的作用，可清肝火。另外，草莓中含有纤维素和果胶，能够促进肠道蠕动，助消化，改善便秘。

4. 大枣、蜂蜜：春日宜省酸增甘，养脾气。春季为肝气旺盛之时，如果多食酸味食物，会使肝气过盛而损害脾胃，此时可适当进些甜食，但糖尿病患者不宜食用。

三、情绪防急躁

春天易肝阳上亢，情绪急躁。气候的变化容易让人焦虑、失眠、头晕、中风。这些疾病出现时，要及时找专业的医师进行调理。涂抹头晕药膏结合穴位按摩、中药内服，有助于缓解头晕和失眠。

四、户外运动最为适宜

春季户外运动，如散步、慢跑、打太极拳、放风筝等，可使人体气血通畅，不仅可以减少疾病的发生，而且亲近自然，多看绿色的自然景物，能让情绪放松，从而减弱肝阳、肝火、肝风的

致病作用。春木升发，春分也是儿童长高的最佳时节。让我们充
分享受春天的美景吧！

北京中医药大学东方医院康复科主任医师　　王嘉麟

阴阳相半春分日，护肝养生正当时

"仲春初四日，春色正中分。"公历3月20日前后我们迎来
了二十四节气中的春分。春分过后，大家逐渐会走出家门到室外
放松，如踏青、放风筝等。春分有什么特殊的意义吗？这个熟悉
的节气与我们的身体健康又有什么关系呢？

春分作为我国传统节气之一，标志着这一天昼夜平分、寒暑平衡。《春秋繁露》载："春分者，阴阳相半也，故昼夜均而寒暑平。"古人认为从立春至立夏为春季，春分则正值春季中间，故春分也有着平分春季的意思。这一天后，春光明媚，莺飞草长，正是进行户外活动的好时节。

既然这一天这么特殊，是不是我们的生活规律也要从这一天开始进行调整呢？

《黄帝内经》有云："故智者之养生也，必顺四时而适寒暑，和喜怒而安居处，节阴阳而调刚柔。"由此可见，养生即顺应四时，调和阴阳平衡。所以在这阴阳平衡、寒温各半的时期，我们也应调节自身的饮食起居规律，平和心态，方能做到"辟邪不至，长生久视"。

春风和煦，气候宜人，很多人正是从春天开始恢复了晨练的习惯。而春季晨练建议以平和、伸展为主，避免大活动量剧烈活动，不疾不徐，如遇天气变化，建议以室内活动为主。

"春捂秋冻，不生杂病。"从气候上来说，虽然春季开始回暖，殊不知"乍暖还轻冷，风雨晚来方定"，所以不要过早脱掉厚衣服，最好根据天气变化随时加减衣物。家中注意时常开窗通风，保持空气清新。饮食上避免油甘滋腻及刺激性强的食物，控制食量，避免不规律饮食。

从中医角度来说，春天正值草木生发、万物复苏之际，对应人体五脏属肝，而肝主升发，所以春季也是养肝、护肝的时节，我们可以通过呵护肝气来做到独特的"万物生长"。

1. 两腿开立，与肩同宽，自然呼吸，两手十指交叉于脐下。吸气时，双手托举至胸前；呼气时，翻掌向上托举至头顶极限处，保持两个呼吸后十指分开，两臂从两侧缓慢落下至体侧。

2. 拍腋下。手掌快速轻拍对侧腋下，30～50次，有助于快速升发阳气。

3. 擦两胁。操作时用双手分别贴于身体两侧胁部，两手手掌在两胁处做前后快速往返的摩擦动作，20～30次。此法具有疏肝理气的功效。

北京中医药大学东方医院推拿理疗科主治医师　白霄

清明播种作物多

小白问："师父，我不太理解《淮南子·天文训》中的一段话。我知道条风至是立春，明庶风是春分，春分后四十五日不是已经到了立夏了吗，怎么是清明风呢？"

距日冬至四十五日条风至，条风至四十五日明庶风至，明庶风至四十五日清明风至，清明风至四十五日景风至，景风至四十五日凉风至，凉风至四十五日阊阖风至，阊阖风至四十五日不周风至，不周风至四十五日广莫风至。

师父说："你看这张图，条风至为立春，明庶风至为春分，清明风至为立夏，景风至为夏至，凉风至为立秋，阊阖风至为秋分，不周风至为立冬，广莫风至为冬至。清明风至对应立夏，是在春分和夏至之间，象征春分阴阳二气平衡后，阳气逐渐上升，这不同于立夏之后阳气开始衰败的状态，而是阳气占据优势的状态。有学者认为，清明风至正是对应此时'纯阳用事'的状态，也就是我们常说的天清气明，其不同于清明这个节气。作为节气，清明反映的是一个时间段的气候特征，如《九怀·其五·尊

47

嘉》言'季春兮阳阳，列草兮成行'，注云'三月温和，气清明也……百卉垂条，吐荣华也'。清明彰显了三月温和的气候，在此时期，万物萌发，草木荣华。"

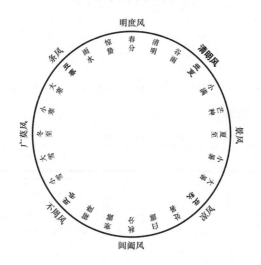

小白说："我知道清明节会放假，人们要去扫墓或者踏青。"

师父说："清明节是在清明节气的基础上设立的，同时通过与寒食节、上巳节相结合，逐渐形成了内涵丰富的传统文化节日。另外，春季是作物播种的重要时节，与清明有关的作物播种的俗语非常多，比如'清明时节，栽瓜种豆''清明下种，谷雨栽秧''清明清，去撒棉''清明高粱，谷雨谷'等，其中涉及了瓜、豆、水稻、棉花、高粱等多种作物。就人体而言，清明时节如果悄悄地种下养生的种子，将来一定能收获强壮的身体。"

小白边跑边说："师父，我先行一步。"

北京中医药大学东方医院心血管内科副主任医师　匡武

清明保健振阳气，按摩穴位强身体

清明时节，气清景明，万物皆显，因此得名。清明是反映自然界物候变化的节气，这个时节阳光明媚、草木萌动、百花盛开，自然界呈现一派生机勃勃的景象。

春天是万物复苏的季节，为了适应春天阳气生发的规律，人们应当舒缓形体，多参加户外运动，以使神志随着春气而舒畅怡然，这是养生的自然法则。这个时节，人们应该掌握春令之气升发舒畅的特点，注意保卫体内的阳气，使之充沛并逐渐旺盛起来。

一、健康的来源——形、气、神和谐统一

中医"形、气、神理论"认为，人在本质上是由形、气、神三种要素构成的。形，即身体，包括了五脏六腑、四肢百骸，是生命的载体；气，是无形的能量系统，没有气，身体就不能运行，像偏瘫的人，就是偏瘫的部位行气不畅；神，指的是生命灵性，身体没了神，大脑没了意识，就会死亡。如果形、气、神三者和谐统一，安内攘外，人体就不会生病，反应在当下，便是免疫力强，能够抵挡住外来病毒的攻击。

二、按摩穴位，振奋阳气，保健强身

1.百会穴位于头顶，在正中线与两耳尖连线的交点处，汇聚各条经脉，能够调节机体阴阳平衡。点揉或轻拍百会穴1~2分钟，以有酸胀感为宜，不仅能够舒缓紧张情绪，还能在乏力困顿时提神醒脑。

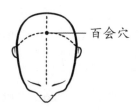

百会穴

2. 风池穴在枕骨之下，胸锁乳突肌与斜方肌之间的凹陷处，与耳垂的水平线平齐。双手拇指向对侧点按此穴 1 分钟，使枕骨下有酸胀感，能够缓解颈肩酸痛，改善脑部供血，提高视力。同时，风池穴也是预防感冒的重要穴位，如果吹风着凉，可以轻擦此穴至微热来缓解不适。

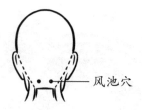

风池穴

3. 地机穴是养护脾脏的重要穴位，位于小腿内侧，在阴陵泉穴（胫骨内侧髁下凹陷处）下 3 寸，可以摸到一个小筋节，点揉 3 分钟，有助于健脾促消化，调节血糖。

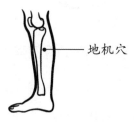

地机穴

4. 神阙穴位于脐中。两手交叠抱成碗状，扣于此穴，顺时针揉动 2 分钟，再逆时针揉动 2 分钟，能够促进胃肠运动，同时可改善乏力、腹痛、腹泻、便秘等症状。

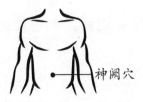

神阙穴

5. 关元穴位于前正中线上，脐下 3 寸处。用掌根在此处环旋摩擦 3 ～ 5 分钟，使温热感缓慢向腹部渗透，或艾灸此穴 20 ～ 30 分钟，能够治疗遗尿、慢性腹泻、腹痛、虚喘等病症，同时也有防病保健和强身健体的作用。

关元穴

6. 涌泉穴位于足底部，蜷足时足前部凹陷处，约当足底第二、第三跖趾缝纹头端与足跟连线的前 1/3 与后 2/3 交点处。双手点揉此穴 1 分钟，缓慢体会温热的感觉由足底涌向全身，能够温阳益肾，推动全身气血运行。

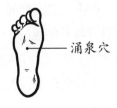

涌泉穴

北京中医药大学东方医院推拿理疗科主治医师　刘杨

阳春起居有规律，调适情绪户外行

　　一个青年才俊进京赶考落第，清明时节去长安城南郊游，被一处桃花盛开的庄园所吸引，上前敲门，开门的是一个面容姣好的姑娘。青年向姑娘讨水喝，姑娘将水递给青年，伫立在庭院的桃树下，姑娘美丽的脸庞和桃花相互衬托，显得分外红润，青年顿时心生好感。

　　时光转至第二年清明节，青年再访庄园，大门紧锁，也未见到姑娘，却听见了老者的哭声，上前询问，原来老者是姑娘的父亲。他说姑娘自去年清明节与青年邂逅，已是芳心暗许，却始终未等到青年再访，便郁郁寡欢而死。青年听闻，心中悲痛不已，便在门上提笔写下"去年今日此门中，人面桃花相映红，人面不知何处去，桃花依旧笑春风"。

　　这个青年是唐代诗人崔护。这首诗呈现了两个场景，"寻春遇艳"与"重寻不遇"，虽然景色相同，却是物是人非，表达出诗人的无限怅惘之情。

清明是二十四节气中的第五个节气，在仲春与暮春之交，兼具自然与人文两大内涵。清明节是传统的重大春祭节日，人们在这一天缅怀先人、慎终追远，难免睹物思人，出现悲伤惆怅的抑郁情绪。清明时节属春季，正是肝气升发之时，加之特殊节日带来的悲伤缅怀，更易出现情绪失调、气血运行不畅的问题。尤其是特殊人群，如患有高血压、冠心病的群体，不要过度沉浸在悲伤的情绪中，要特别注意情绪调适，防止过度激动，引起病情复发。

清明养生要点如下。

一、情志养生

肝喜条达而恶抑郁，抑郁易导致肝之气血瘀滞不畅而成疾。若长久处于抑郁、焦虑等情绪中，先试着接纳这种情绪，然后通过向家人倾诉、放松训练等方式进行排解，学会调节舒缓情绪，使肝气正常升发、疏泄。

二、饮食养生

春季饮食，养肝为先。从现代营养学的角度来看，春季可以采取高蛋白、高维生素、充足热量的均衡膳食原则，尽量少吃辛辣食品，多吃新鲜蔬果，特别是青绿色的嫩芽类蔬菜。

三、运动养生

保持规律的作息，每天在家中做运动，如打太极拳、做八段锦等。适时开展户外活动，如散步、踏青等，既能使人体气血通畅，促进吐故纳新，又可怡情养肝，达到护肝保健的目的。

【小贴士】

鉴别居丧反应和抑郁状态

由于对亲属死亡这一应激生活事件的反应而导致的抑郁、悲伤或悲痛状态称为居丧反应或悲哀反应。这种反应不属于情感障碍，而属于适应障碍。其对日常生活、社交有一定影响，但尚可维持正常功能，且随时间推移可逐渐好转。而抑郁状态，以情绪低落、兴趣减退、精力下降等表现为主，可伴有一定的躯体症状和睡眠问题。抑郁症单次发作至少持续2周，常病程迁延，反复发作，大多数发作可以缓解，部分可有残留症状或转为慢性，从而造成严重的社会功能损害。

北京中医药大学东方医院心身医学科副主任医师　邢佳
北京中医药大学东方医院心身医学科主治医师　丁一芸

谷雨采茶好时期

小白说："师父，您请喝茶，这是我特意给您泡的雨前龙井。"

师父笑着接过茶，道："哈哈哈，谢谢小白。"

师父又说："古有谚语'谷雨谷雨，采茶对雨'，赶上下细雨时去采摘茶叶，也别有一番风趣。

"谷雨是一年中的第六个节气，也是春季的最后一个节气。每年公历 4 月 19 日至 21 日，太阳到达黄经 30° 时为谷雨。这个时间段，气温逐渐升高，我国南方大部分地区进入多雨季节。此时芽叶生长也相对较快，其中积累的内含物也会较为丰富，因此雨前茶往往滋味鲜浓而且耐泡。

"明代许次纾在《茶疏》中说'清明太早，立夏太迟，谷雨前后，其时适中'。《神农本草经》也曾提到雨前茶'久服安心益气……轻身不老'。雨前龙井属于西湖龙井中的一个种类，就是在谷雨这个节气前采摘制成的龙井茶。其实，《茶经》记载的是'凡采茶，在二月、三月、四月之间……春茶最佳，在清明、谷雨前后采摘，是谓明前茶'。可见清明、谷雨前后采摘的茶都可算明前茶。'清明见芽，谷雨见茶'。有的时候，因为气温低，清明时节茶叶刚刚发芽，所以采茶还要结合每一年的气候变化，以及不同的地域相互参看。"

小白说："师父，我记住了。我听说关于谷雨还有一个传说，叫仓颉造字。"

师父答道："是的。相传黄帝时期有一个名叫仓颉的人，在春末造字成功，其功德感动了天地，玉皇大帝便赐给人间一场谷子雨，以慰劳他的功德，后来便有了现在的谷雨节气。当然这只是一个传说。小白，你在想什么呢？"

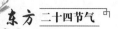

小白回过神来，道："不好意思，师父。我在想仓颉要是早点造字成功就好了，这样就能记载更早的中华文明了。师父，我们喝茶吧。"

【小贴士】

何为黄经

黄经就是黄道上的度量坐标（经度）。

地球的公转在地球上的人看来表现为太阳周年视运动（一年中，太阳在黄道上运行一周），其运行线路（地球公转轨道在天球上的反映）称为黄道。一周即360°。我国古人把太阳黄经的360°划分成24等份，每份15°，为一个节气。两个节气间相隔日数为15天左右，全年有24个节气。古人定义，当太阳在一年中第一次直射赤道时（地球位置公转轨道上的春分点时）为太阳黄经0°，以后每经过黄经15°，即为下一个节气，到地球在公转轨道上再一次到达春分点时，即为黄经360°，同时也为0°。例如，立春节气即太阳到达黄经315°时，夏至节气为太阳到达黄经90°时，立秋节气是太阳到达黄经135°时，以此类推。

北京中医药大学东方医院心血管内科副主任医师　匡武

推拿理疗治未病，保暖护脾除痹证

谷雨取自"雨生百谷"之意，此时降雨明显变多，田中的麦苗、树苗、菜籽最需要雨水的滋润。雨量充足且降雨及时，农作物才能苗壮成长，粮食才会大丰收。谷雨节气，日夜温差比较大，寒气很容易从裸露的部位进入体内，寒凝经络，迁延日久，身体受风、寒、湿邪侵袭，三邪合而为病，可导致全身疼痛，称为痹证。痹证是以肢体关节及肌肉酸痛、麻木、重着、屈伸不利，甚或关节肿大灼热等为主症的一类病症。

此时除多穿衣物保暖外，还要注意顾护脾胃。《黄帝内经》有云："脾者土也，治中央，常以四时长四脏，各十八日寄治。"这说明四季季末的十八日均由脾所主，故平时饮食要清淡，不食过多生冷、油腻的食物。谷雨时节，我们还要进行适当的户外锻炼，多春游。这不仅能使心胸舒畅、怡情养性，还能提高免疫力，使身体与外界达到阴阳平衡。八段锦是古代中医用形体活动结合呼吸提出来的健身方法，时常练习能起到防病、治病、保健、调理的作用。

除此之外，我们还可以每天顺时针摩腹 10 分钟，重点揉关元、神阙、中脘、天枢等穴位，以起到温中散寒，健脾行气的功效。

取健脾祛湿穴操作如下。

1. 丰隆穴在小腿外侧，外膝眼与外踝尖连线的中点，距胫骨前缘两横指。双手交叉点按对侧穴位 1 分钟。

丰隆穴

2. 足三里穴位于小腿前外侧，距胫骨前缘一横指处。对侧手指点按 1 分钟。

足三里穴

3. 阴陵泉穴位于小腿的内侧，胫骨内侧髁下凹陷处，与阳陵泉穴相对。拇指点按对侧穴位 1 分钟。

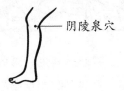

阴陵泉穴

北京中医药大学东方医院推拿理疗科主治医师　季伟

按摩拔罐相配合，疏肝健脾泄湿热

　　谷雨是春季的最后一个节气，源自古人"雨生百谷"之说，在每年的 4 月 19 日至 21 日，此时太阳已到达黄经 30°。就气候特点而言，"清明断雪，谷雨断霜"，谷雨节气的到来，意味着气温回升迅速，降雨也进一步增多，气候特征渐渐表现为"雨热同期"。

　　谷雨三候：萍始生，鸣鸠拂其羽，戴胜降于桑。谷雨节气雨量增多，浮萍开始生长，布谷鸟鸣叫似乎提醒人们开始播种，桑树上见到戴胜鸟提示春蚕开始生长。

一候萍始生　　二候鸣鸠拂其羽

三候戴胜降于桑

老人讲"春捂秋冻"，春捂也应有度。从科学的角度讲，15℃通常是春捂的临界点，超过15℃就可以适量减衣，再捂下去反而容易诱发"春火"。春季来临气温上升，加上谷雨后的湿气，容易出现湿热致病。因此，谷雨后我们在"春季养肝"的养生理念下还应注意清肝健脾祛湿。

一、饮食：因时制宜，药食同源

谷雨前后是香椿上市时节，自古有"雨前香椿嫩如丝"之说。香椿拌豆腐、香椿炒鸡蛋均是春天的美味。

菠菜也是谷雨时节推荐的宜食蔬菜。菠菜甘凉，有补血止血、利五脏、通血脉、滋阴平肝等功效，对春季里因"肝血虚"出现血压升高、头痛目眩和贫血等症状均有较好的食疗作用。

除此之外，我们还可以多摄入白扁豆、薏苡仁、山药、荷叶、芡实、冬瓜等具有健脾祛湿功效的食物。

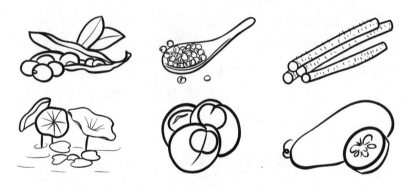

暮春也是精神情绪异常的高发时期。营养学研究显示，谷类食物中富含 B 族维生素，对改善抑郁症有一定作用。

二、情志：恬淡内守，防肝火亢盛

情志养生方面，应重视精神调养，戒暴怒，更忌心怀忧郁，要做到心胸开阔，保持恬静的心态。听音乐、钓鱼、打太极拳等都能陶冶性情，切忌遇事忧愁焦虑，以防肝火亢盛。

三、起居：规律作息，早睡早起

春天易犯"春困"，故应调整生物钟，睡前调摄心神，使情志平稳，心思宁静，早睡早起。

四、运动：防止出汗，选择适当的锻炼项目

"春夏养阳，秋冬养阴。"春天万物生长，蒸蒸日上，空气清新，正是采纳自然之气养阳的好时机。人们应根据自身体质，选择适当的锻炼项目，如慢跑、打太极拳、做八段锦等，不仅可畅达心胸，怡情养性，还可促使气血流通，达到行气通经、调和气血、健身防病的功效。

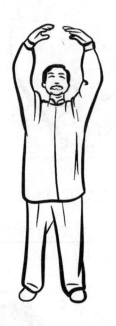

五、按摩配合拔罐：疏肝健脾除湿

（一）按摩肝俞穴，疏肝解郁

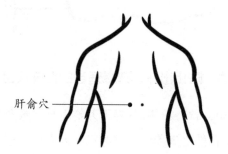

肝俞穴

肝气不舒、郁结不畅，易使人生气发怒、情绪失控。此时可按摩肝俞穴以疏肝解郁、行气止痛。

（二）按摩阴陵泉穴，健脾祛湿

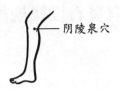

阴陵泉穴

每天按摩阴陵泉穴 1～2 分钟，双腿交替进行，具有健脾祛湿行气的功效。

（三）拔火罐以清泻湿热

拔火罐是中医传统外治方法，可行气活血、舒筋活络、祛风除湿、散寒止痛。谷雨时节，温度升高，雨水增多，这时拔罐能及时祛除体内湿气，促进血液循环。

北京中医药大学东方医院二七院区妇科副主任医师　徐翠

立夏看夏找规律

小白说："师父，您为什么今天晚上叫我出来啊？哇！今天的星空真美啊！"

师父说："小白，你看那是什么？"

小白说："那不是北斗七星嘛。北斗七星斗柄指向了正东南方向，所以今天是立夏。《历书》有云'斗指东南，维为立夏，万物至此皆长大，故名立夏也'。我听说古代君王会在这一天去郊外'迎夏'。但是，古人是怎么知道夏天来了呢？他们还要跑到郊外去迎接夏天，难不成'夏'从郊外来？"

迎 夏

师父说："我们现在不是正在迎接夏天嘛。《月令七十二候集解》言'立夏，四月节。立字解见春。夏，假也。物至此时皆假大也'。立夏就是确立夏天的开始。据史书记载，在周朝的时候就有君王率文武百官到郊外'迎夏'的故事。古人没有时钟，只能依靠天象和周边的物象来参考记录时间的流逝变化，而周边的物象经常会因气候和人为因素的变化而变化，只有满天的星辰不会受这些因素的影响。所以，古人通过观察北斗七星的变化规律，确立了二十四节气。二十四节气确立的主要目的是指导古人进行农耕活动，而不违背天道。其实对于其他的人事活动也应该如此，比如我们现代人说的养生。掌握了二十四节气的气运交接变化，也就掌握了养生的真谛。

"我们再说回立夏。《莲生八戕》一书写道'孟夏之日，天地始交，万物并秀'，意思是从这天开始，天地之气交互变化开始变得频繁，万物因此而生长繁秀。农谚还有'立夏看夏'之说。这时夏收作物进入生长后期，冬小麦扬花灌浆，油菜即将成熟，水稻栽插及其他春播作物的管理也进入了大忙季节，夏收作物年景基本定局。所以，我国自古以来就很重视立夏节气。帝王在这一天亲率文武百官到郊外'迎夏'，其实目的是指令司徒等官员去各地勉励农民抓紧耕作。"

小白说："谢谢师父。北斗七星旁边最亮的那颗星星是什么呢？"

【小贴士】

四季北斗

北斗七星斗柄在不同季节指向不同方向。

北京中医药大学东方医院心血管内科副主任医师　匡武

立夏吃蛋习俗久，药食锻炼食欲佳

　　立夏表示告别春天，是夏天的开始。立夏吃蛋的习俗由来已久。俗话说"立夏吃了蛋，热天不疰夏"。从立夏这一天起，天气渐渐炎热起来。许多人，特别是小孩子会有身体疲劳、四肢无力的感觉，食欲减退并逐渐消瘦，这种现象称为疰夏，又叫作苦夏。相传，女娲告诉百姓每年立夏之日在小孩子的胸前挂上煮熟的鸡蛋、鸭蛋、鹅蛋，可避免疰夏。因此，立夏吃蛋的习俗一直延续到现在。

挂蛋：
将蛋以五色线做结为套
挂于孩子胸前

在日常生活中我们发现，很多小孩子在夏天都会出现食欲下降、疲乏倦怠的情况，这是暑湿之气外侵，困阻脾胃，或暑热耗伤正气，脾失健运导致的。如果迁延不愈，可导致脾胃气虚，气血生化乏源，影响小孩子正常的生长发育。"脾健不在补，贵在运。"立夏以后可进食一些具有健脾利湿作用的食物以解脾胃之困，恢复转运之机，则胃纳自开。这类食物包括冬瓜、绿豆、胡萝卜、木耳、西红柿、黄瓜、莲藕、豆腐、薏苡仁、茄子、鸭肉、鲫鱼等。如果小孩子平素就有进食少、易积食、面色不华、形体偏瘦、大便稀溏夹有不消化食物等脾虚症状，则可以加用具有健脾益气作用的药物一起烹饪食用，如党参茯苓白术鲫鱼汤、枸杞子茄子炖黑鱼等。如果小孩子食少饮多、皮肤干燥、手足心热、大便干、小便短黄，则适宜选择具有清热养胃作用的食物，如芦根绿豆汤、麦冬黄瓜凉拌菜等。对于婴儿，家长要掌握正确的喂养方法，饮食要规律有度，不要喂养太多，使其恣意进食。如果小孩子处于病后胃气刚恢复阶段，则应逐渐增加饮食，切不可暴饮暴食而致脾胃复伤。

冬瓜　绿豆　胡萝卜　木耳　西红柿　黄瓜　莲藕　豆腐　茄子

党参茯苓白术鲫鱼汤

锻炼也是能改善小孩子食欲不佳的方法之一。在不晒伤的前提下，不要惧怕流汗。到户外跑步、游泳、跳舞等，在改善小孩子食欲的同时，还能提高身体素质，对小孩子长高也大有裨益。

北京中医药大学东方医院儿科副主任医师　陈自佳

立夏养生靠日常，规律生活不可少

立夏是二十四节气中的第七个节气，是夏季的第一个节气。

夏天来临的时候，人们更要注意顺应天气的变化，尤其注意养心，如果不注意，过劳过逸、大悲大喜，就可能会伤心、伤身、伤神。所以要有意识地进行调养，适量运动，保持心情愉悦

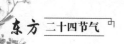

的状态，使身体各脏腑功能保持正常，为安度酷暑做好准备。

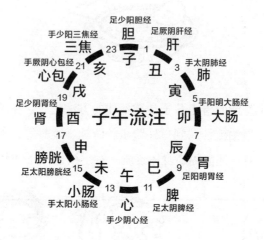

一、立夏养心，要注意睡眠

立夏以后，昼长夜短。夏天的睡眠，建议注意以下两个方面。

（一）睡好子觉

子时胆经当令，是人体阳气最弱、阴气最盛的时间，最容易入睡。同时，夏天鼓励大家早点起床，如果睡得太晚，天亮之后外界的光亮、声音会影响睡眠，想像冬天一样睡个懒觉也不容易。所以，立夏养心要睡好子觉。

（二）睡好午觉

午时心经当令。由于劳累一上午的时间，所以人们在午后常感到精神不振，适当睡个午觉，对精力、体力都会有很好的补充。所以，立夏养心要睡好午觉。但是午睡的时间不宜太长，一般以半小时为宜。

二、立夏养心，要注意饮食调摄

立夏以后，很多人会出现食欲不振。饮食要注意以下两个方面。

（一）饮食宜清淡

立夏饮食应以易消化、富含维生素的食物为主，同时选择清淡的食物，如鸭肉、鲫鱼、虾、食用蕈类等。

（二）饮食要有营养，保证足够的能量供应

夏天白天时间长，人体体力消耗增加，所以要保证摄入足够的能量。同时，立夏一定要保证饮食物的新鲜。

三、立夏养心，还要注意调畅心情

立夏以后，天气转热，人的心神易受到扰动，出现心神不宁。立夏要注意调畅心情，戒怒戒躁，我们可以运用以下方法保持心情舒畅。

（一）适量运动

顺时而起，出门做适量运动，呼吸吐纳，排出体内蓄积一晚的浊气，有助于阳气的提升。夏天温度高，运动时要适时适量。

（二）练习心经拍打操

手少阴心经是十二经脉之一。心经分布于腋下、上肢内侧后缘、掌中及手小指桡侧。心经首穴是极泉，末穴是少冲，左右各9个穴位。

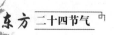
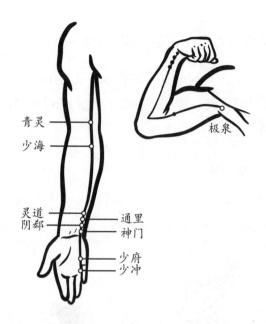

青灵
少海
灵道
阴郄
通里
神门
少府
少冲
极泉

1. 心经疾病表现：咽干、渴而欲饮、胁痛；手臂内侧疼痛、掌中热痛；心痛、心悸、失眠、神志失常。

2. 拍打操练习要领：虚掌、柔和、均匀、有力、持久。

3. 拍打操最佳练习时段：午睡后是敲心经的最佳时间。晨起后，睡觉前，敲打经络的效果也较好。

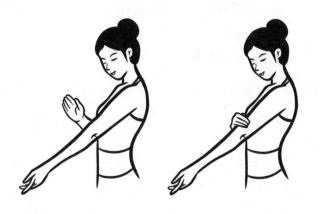

4.拍打操注意事项：①全身心放松，提前活动手掌、手腕，避免损伤。②路线清晰、有规律，从腋窝匀速拍向手指。③手法轻柔有弹性，力度、时间适当。④频率要始终均匀，快慢可根据个人条件而定。⑤可跟随音乐节奏拍打，使身心放松。

北京中医药大学东方医院心血管内科副主任医师　李岩

小满祈蚕收获满

小白问："师父，您手里捧的是蚕茧吗？"

师父答道："是的。今天是小满，这是一个特别有诗意的日子。小满之名，有两层含义。第一，可能与降水有关，民谚云'小满小满，江河渐满'，小满节气南方的暴雨开始增多，降水频繁。小满中的'满'字说的是雨水盈满。第二，可能与小麦有关，小满节气北方地区降雨较少甚至无雨，所以这个'满'字应该不是指降水，而是指小麦的灌浆饱满程度。"

小白又问："师父，我想这个'满'字会不会与您手中的蚕茧饱满程度有关呢？"

师父说："有道理。《月令七十二候集解》言'四月中，小满者，物致于此小得盈满'。就像我手里的这些蚕茧一样，暂得小满，继续成长，等待羽化的那一天。"

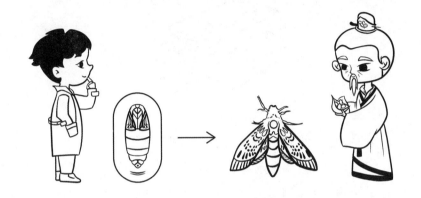

小白说："可是等不到那一天，它们就被拿去抽丝剥茧了。"

师父说："相传，小满为'蚕神'诞辰，江浙一带在小满节气期间专门设有'祈蚕节'。史料记载'小满乍来，蚕妇煮茧，治车缫丝，昼夜操作'。古时，小满时节新丝即将上市，所以农户和商人们会乞求'蚕神'护佑，希望从这小小的蚕茧中得到满满的收获。其实，蚕茧还能入药。《本草纲目》记载蚕茧甘，温，无毒，可以用来治疗便血、尿血、血崩、消渴、反胃、疖疮、痈肿等疾病。北宋欧阳修有一首描写小满的诗词'夜莺啼绿柳，皓月醒长空。最爱垄头麦，迎风笑落红'。本诗上句描绘的是小满时节夜莺歌啼、绿柳环堤、皓月当空的美景，下句描绘的是风吹垄头小麦和花朵飘落的场景。实际上，这首诗表达的是诗人向往这种麦灌半浆、迎风而立的小满状态。天下万物至此时开始小得盈满，过犹不及，人生也是一样。所以，'小满'不仅是节气，也是古人的一种人生态度。"

祈蚕节

小白说:"那我现在应该就是'小满'状态。"

师父笑着说:"你还需要好好学习啊,现在只能算得上是'小',还称不上'满'。我们一起来抽丝剥茧吧。"

北京中医药大学东方医院心血管内科副主任医师　匡武

夏季养生重养心,小满护阳好时分

进入夏季,天气逐渐炎热,雨水也逐渐增多。随着气候的变化，夏熟作物逐渐生长饱满，但因入夏时短，尚未成熟通透，未至"大满"，故仅称为"小满"。《月令七十二候集解》言"四月中，小满者，物致于此小得盈满"，即有此意。从小满开始，气候逐渐向夏季高温发展，雨水逐渐增多，此时人体的阳气也逐渐增强。

伴随着入夏的脚步，我们该做些什么来调整自己的身体状态呢？

从五运六气的角度来说，夏季属阳，五脏属心。中医学认为"春夏养阳，秋冬养阴"，故小满时节应以养阳，尤其应以养护心阳为主。所以，我们应保持良好平和的心态，忌大悲大喜，遇事少安毋躁；饮食上，少食滋腻生湿之物，尤其应注意少食冷饮等过凉之物，因夏季阳浮于外，阴蛰于内，过量食用冷饮祛暑反而易伤及自身阳气。

夏季炎热，人体本身津液消耗较多，而很多人又喜欢大量进食冷饮、冰镇水果等过凉之物来祛暑，就很容易造成暑湿伤脾，导致脾失运化，脾胃不和，进而导致消化不良、腹痛腹泻等症状的发生。

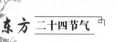

　　所以，夏季祛暑宜以健脾化湿，生津止渴为主，应清淡饮食，可多食用赤小豆、绿豆、西红柿、山药、鸭肉等；忌食肥甘滋腻之物，并且注意补水。此时，室内外温差过大，易激伤阳气，故平时宜常开窗通风，保持室内空气畅通，增加清洁次数，以便祛燥增湿。

　　下面教大家几个保健动作，一起来做吧！

1. 推擦心包经：以掌根沿前臂心包经走行，从肘向手方向进行推擦，约 100 次。

2. 点内关：用拇指点按内关穴，有酸胀感即可，左右交替，每侧 10 次左右。

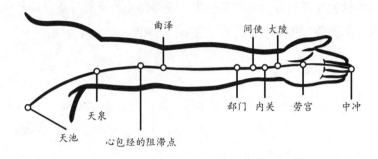

北京中医药大学东方医院推拿理疗科主治医师　白霄

雨水渐多江河满，日常养生防侵害

《归田四时乐春夏二首（其二）》

北宋·欧阳修

南风原头吹百草，草木丛深茅舍小。

麦穗初齐稚子娇，桑叶正肥蚕食饱。

老翁但喜岁年熟，饷妇安知时节好。

野棠梨密啼晚莺，海石榴红啭山鸟。

田家此乐知者谁？我独知之归不早。

乞身当及强健时，顾我蹉跎已衰老。

正如这首古诗所描述的那样，小满节气夏熟作物的籽粒开始灌浆饱满，但还未成熟，只是小满，还未大满。小满节气雨水渐多，正如民间所言"小满小满，江满河满"。高温多雨，闷热潮湿是小满节气的气候特征。所以此时的养生就显得尤为重要，我们不仅要注意提高自身的免疫力，还要防止外来邪气对身体的侵害。小满节气起居养生需要注意哪些方面呢？

一、日常起居

《素问·四气调神大论》曰："夏三月，此谓蕃秀，天地气交，万物华实，夜卧早起，无厌于日，使志无怒，使华英成秀，使气得泄，若所爱在外，此夏气之应，养长之道也。逆之则伤心，秋为痎疟，奉收者少，冬至重病。"

> 素问·四气调神大论
>
> 夏三月，此谓蕃秀，天地气交，万物华实，夜卧早起，无厌于日，使志无怒，使华英成秀，使气得泄，若所爱在外，此夏气之应，养长之道也。逆之则伤心，秋为痎疟，奉收者少，冬至重病。

这句话就是在指导我们规律作息，避免熬夜。随着气温渐高，阳气渐升，人与天地之气相应，故应早卧早起。这个阶段昼长夜短，若夜间睡眠时长及质量受到影响，白天则易疲倦，因此要保证夜间的睡眠质量。

同时，《黄帝内经》很明确地指出"春夏养阳"，意思是在春季和夏季时，人们应该注重对体内阳气的保养。夏季是一年里阳气最盛的季节，是新陈代谢旺盛的时期，这个季节人体阳气外发、伏阴在内。夏季养生的基本原则是盛夏要防暑邪，长夏要防湿邪，同时要注意保护人体的阳气，防止因避暑而过分的贪凉饮冷从而伤害了体内的阳气。

二、饮食习惯

夏季天气炎热，人体阳气升发，伏阴于内。小满节气也是"春夏养阳"的最佳时机，饮食避免贪凉饮冷，应该以清淡、容易消化为主，另外少吃油腻及辛辣的食物，避免湿热之邪困脾。清淡饮食能够清热、防暑、补液，还能增进食欲，以达到春夏养阳的目的。

三、适度运动

夏季天气炎热，热则耗气，易疲倦，故运动要适度，不可大汗出。汗为心之液，过汗伤阴也伤阳，易诱发心脑血管疾病。运动时间可选择在清晨，以散步、慢跑、打太极拳为主，运动强度以微汗出为宜。

四、情志养生

小满时节风火相煽，情绪易受到波动，易烦躁不安，故要注意调节心情，避免大怒及情绪剧烈波动，保持心情舒畅，胸怀宽广，情绪应像自然界的万物一样郁郁葱葱、蓬勃向上。心情愉悦可使机体的气机宣畅，人体功能旺盛而协调，从而避免心脑血管疾病的发生。

北京中医药大学东方医院康复科主任医师　王嘉麟
北京中医药大学东方医院康复科住院医师　赵欣然

芒种葬花送"花神"

师父说："小白，你不要总是盯着那些女孩子，不知道非礼勿视吗？"

小白赶忙解释道："师父，您误会了，我看她们好像在祭祀，有点好奇。"

师父笑道:"哈哈哈,今天是芒种,她们应该是在饯送'花神'。

"芒种是夏天的第三个节气,在每年公历6月5日左右,太阳到达黄经75°。《历书》记载'斗指巳为芒种,此时可种有芒之谷,过此即失效,故名芒种也'。《淮南子·天文训》载有芒种在内的完整的二十四节气。《礼记》有'芒种之日,螳螂生;后五日,鵙始鸣;后五日,反舌无声'之记载。可见芒种这一节气的出现较早,但早期只涉及稼穑之事未言有饯送'花神'之习,后才有此习俗。因为芒种的时候,已近农历五月,百花开始凋谢残败,所以在清代以前民间会有祭祀'花神'的仪式,饯送'花神'以感谢'花神'给人间带来绚丽多彩的美景,并期待来年'花神'再次降临。"

小白说:"我懂了,'黛玉葬花'就是这个意思。"

师父说:"对,那一章节前半部分写的是大观园里的姑娘们饯送'花神'的活动,后半部分写的就是'黛玉葬花'。其实在古代,芒种时节是百姓们最忙的时候了,葬花也好,祭祀'花神'也好,都是富家子弟的闲情逸致,农民们这个时候得抓紧播种。《月令七十二候集解》言'五月节,谓有芒之种谷可稼种矣',大意是指大麦、小麦等有芒作物的种子已经成熟,抢收十分急迫。另外,此时也正是稻、黍、稷等夏播作物播种最忙的季节,故又称'忙种',就是忙着种的意思。"

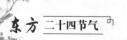

小白说："这下我都懂了，谢谢师父。嘻嘻，我要和她们一起祭祀'花神'。"

北京中医药大学东方医院心血管内科副主任医师　匡武

芒种养生心不忙，神倦疲乏要预防

芒种是二十四节气中的第九个节气，是天之阳气与地之阴气交合之时。长江中下游地区到了芒种时节，梅雨季节就越来越近了。芒种字面的意思是"有芒的麦子快收，有芒的稻子可种"。芒种至夏至是秋熟作物播种、移栽、苗期管理和全面进入夏收、夏种、夏管的"三夏"大忙高潮。

在这样的天气下，年轻人都感觉神倦疲乏、汗多，就更别说老年人了。所以我们应该如何养生预防呢？

中医学认为，心与夏相应，夏季养生重在养心。若伤于暑者，可出现头晕、心烦、胸闷、气短、大量汗出、口渴喜饮等症状。汗为心之液，大量流汗易伤心。所以，心脑血管疾病患者在夏季要避免汗出过多，可适量喝一些淡盐水或吃一些水果。另外，夏季养心，忌动心火，应减少心烦、躁动不安等负面情绪，日常可以食用一些百合、莲子心、荷叶。

梅雨季节很容易出现不想吃饭、恶心呕吐的状况，这是什么原因呢？该如何进行调理呢？

梅雨季节多夹湿邪，常见四肢困倦、胸闷呕恶、大便溏泄不爽等湿阻症状。夏季饮食宜温，过于寒凉易困脾伤阳，助湿生痰，所以应以清淡易消化食物为主，避免过食生冷，可以用茯苓、薏苡仁、山药、芡实等煮水喝或煮粥食用以健脾祛湿，亦可自制酸梅汤养阴生津止渴。酸梅汤制法：乌梅 20g，生山楂 20g，陈皮 20g，冰糖 30g，加水煮开，待凉后分次饮用。

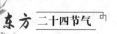

（茯苓、薏苡仁、山药、芡实）

乌梅20g

生山楂20g

陈皮20g

冰糖30g

"冬病夏治"是什么意思呢？

"冬病夏治"是指对于一些在冬季容易发生或加重的疾病，在夏季给予针对性的治疗，可提高机体抗病能力，使症状减轻或消失。艾灸是中医特色疗法，可以起到扶阳固本，养心健脾，调肠胃，祛湿气的作用。芒种时节难免会感到四肢困倦、萎靡不振，此时正是艾灸的好时候。夏季艾灸，以强壮阳气这一先天根本为主。暑湿困脾，可灸足三里、中脘、关元、神阙、丰隆等穴位，起到健脾利湿的作用。平时容易气虚疲劳者，多灸百会和背部的大椎、膏肓等穴位。

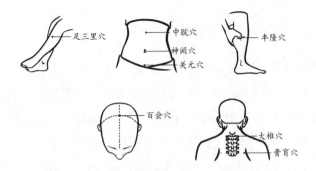

北京中医药大学东方医院脑病二科主任医师　陈宝鑫
北京中医药大学东方医院脑病二科研究生　郭春艳

种稻收麦芒种到，湿邪之气来登场

"芒种"一词，最早见于《周礼》之"泽草所生，种之芒种"。芒种到来标志着又一轮农忙开始了，南方地区的人们忙着插秧种稻；北方地区正值夏熟作物麦子收获之时，人们则忙着收麦。

一、芒种到来，湿邪登场

芒种时节，气温显著升高，雨量充沛，空气湿度大。此时已经进入夏季，"火热模式"正式开启，气温和湿度越来越高。6月是一年之中最闷热时间段，也就是大家所说的"暑湿季"的开始，天气又热又湿，人们在室外就好像是在"蒸桑拿"。中医学认为，湿性重浊、黏腻，湿邪为病则缠绵难愈。另外，室内空调的寒冷之气使人体御寒机制启动，毛孔闭塞，汗液排不出体外，湿气则存积体内。这个时期，人们喜好吃寒凉食品，寒凉之物会直接损伤人体之阳气，导致气化功能失司，不能把体内寒湿邪气清除。以上种种原因可诱发由湿邪所引起的身体沉重乏力、消化功能紊乱，容易出现胃肠型感冒，以及腹泻、大便不成形等问题。

二、改变不良饮食习惯，不给湿邪可乘之机

夏天，我们习惯了在家吹着凉爽的空调，吃着冰镇的瓜果，觉得日子过得很舒服。但是，仔细观察就会发现，这种生活状态久了就会有点懒惰，如早上睡不醒，下半身更是不想动弹，甚至

连迈步都懒得抬脚,有的人还会出现肠胃不适、腹胀、腹泻等,这些都是湿气重的表现。吃冰冷的食物会造成身体寒气、湿气堆积,从而引发一系列的疾病。所以,大家一定不要因为贪嘴而大量食用冰镇食物,特别是冰激凌、冰镇饮料等。

三、我们一起做"健脾除湿三式"

芒种养生要切记健脾祛湿,注意避暑,做好这两点的人身体都不会太差。自己如何按摩养护呢?

(一)双手托天理三焦

自然站立,两足平开,与肩同宽,两臂自然下垂,掌心贴附腿侧,含胸收腹,腰脊放松。正头平视,口齿轻闭,宁神调息,气沉丹田。

双手自体侧缓缓举至头顶,十指交叉,转掌心向上,如托物上举,同时足跟顺势跷起。

双手转掌心朝下,沿体前缓缓按至小腹,足跟顺势下落,还原。

反复进行 10 次。

（二）捏挤天枢穴、大横穴

双手中指正对肚脐，用掌根和其余四指捏挤天枢穴、大横穴下脂肪层，用力挤压，感觉疼痛难忍后坚持 5 ～ 10 秒，放松 3 秒后重复捏挤，每次操作 3 分钟，每次吃饭前后各做 1 遍。

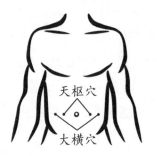

天枢穴

大横穴

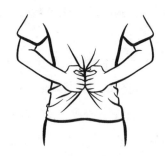

（三）点按阴陵泉穴、承山穴

阴陵泉穴位于小腿内侧，胫骨内侧髁下缘与胫骨内侧缘之间的凹陷中。

承山穴位于小腿后面正中，微微施力踮起脚尖，小腿后侧肌肉浮起的尾端。

抬起一腿搭在另一腿上，每次点按两穴 3 ～ 5 分钟，每天3 ～ 5 遍，每次以酸胀为度。

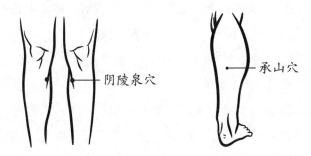

北京中医药大学东方医院推拿理疗科主治医师　刘杨

夏至吃面短一线

小白问："师父，我听说二十四节气是逐渐发展起来的，人们最早认识的节气是夏至，您能帮我解释一下吗？"

师父说："关于二十四节气的诞生和发展，确实有很多学者认为其经历了从'两至''两分'，到'四时八节'，再到完整的二十四节气的过程。'两至''两分'就是四时，'八节'就是再加上'四立'，即'立春''立夏''立秋''立冬'。根据目前已知的考古发现和文献记载，在殷商时期，中国古人就已经能够通过'圭表测日'的方法确定夏至和冬至了。因此，有的学者认为夏至是诞生时间最早、发展历史最久的节气，可能也是创立二十四节气体系的始点性节气。其实，世界上有些文明也在比较早的时期就通过观测确立了冬至与夏至，比如古巴比伦。"

小白感叹道："啊，原来其他国家也有节气学说呢？"

师父解释道："你误解了，我没有说他们有二十四节气，只是说古巴比伦人通过观测也知道了夏至和冬至的时间节点。听说过'立竿测影'吧！不只是我国古代的先贤们知道夏至这一天'影短昼长'，其他文明古国可能也认识到了这一点。作为一年白昼时长的'峰值'之日，自然最容易被识别了。只不过我国先贤们的观测并没有停下脚步，他们在冬至、夏至、春分、秋分的基础上进一步研究，又发现了'四立'。至此，二十四节气的主干——'四时八节'就被确立了，这些在《吕氏春秋》《礼记》中都有完整的记载。而且，我国先贤们不仅将这些理论用于农事，还将其用于医学方面，比如《灵枢·顺气一日分为四时》云'以一日分为四时，朝则为春，日中为夏，日入为秋，夜半为冬'。'日中为夏'就是把一天的正午时分比作'夏至'。我国古代还有'夏至一阴生'等理论，这些都被运用到了古代的医学领域。'旦慧昼安，夕加夜甚'等观点，也是通过观测总结出来的。当然，一些习俗中也有这些观点的体现。"

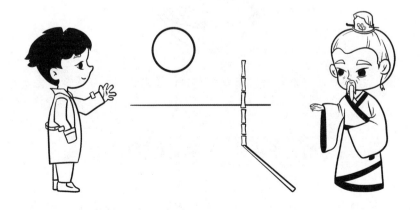

小白说："这个我知道，夏至要吃面。'吃过夏至面，一天短一线'。"

师父说："走吧，我们先去吃面。"

小白感叹道："这面真香啊！"

北京中医药大学东方医院心血管内科副主任医师　匡武

冬病夏治补阳气，晒完后背晒足底

许多人都有怕冷的症状，比如腿怕冷、手脚怕冷、腰腹怕冷、关节周围怕冷等，甚至很多年轻人都有四末不温等症状。这些症状大多辨证属寒邪伏于体内、阳气不足。中医有"冬病夏治"的理论。夏至节气是日照时间最长、自然界阳气最盛的时候。此时正是治疗关节、四肢、项背冷痛挛缩的好时候。

古人通过对天时的观察和领悟发现，夏至这天"日北至，日长至，影短至"。从夏至起，日南移，日长渐短，阳气渐收，阴气渐长。"至"有极致的意思。夏至正是阳消阴长，阴阳轮回的节点。阴阳辨证理论在各领域都可充分体现。至阴则阳、至阳则阴、阴中求阳、阴阳相长等理论在中医养生中有重要意义。中华民族勤劳的祖先们积累了许多养生秘诀，比如夏至节气"借阳补阳"。

夏至是阳气最盛的一天，许多有怕风、怕冷、腰膝酸软等症状的关节疾病患者可以试试借助此时来"借阳补阳"。曾经有一位30多岁的女性患者，夏天也要穿厚裤子，还要把裤脚扎得紧紧的，就怕进风，到有空调的诊室得躲着冷风，还总感觉脚底冰凉。做了许多检查都没有发现异常。她多方求医，效果甚微。当时正值夏至，看诊的医生说他曾在农村看到老人们夏至时候就脱了鞋光脚踩在晒过的棉花上，还要再晒晒后背、晒晒足底，这样可助养阳气。医生建议她在用药的同时可以试试这个方法。半个月后复诊时，患者高兴地说试了那个夏至养阳气的"土办法"，足底凉的症状确实有所改善。这其实就是中医"冬病夏治"的好方法。

养阳的同时也应注意滋阴。夏至后不久就是伏天了，故应提前调理脾胃。我们可以煲清补凉汤、凉茶、酸梅汤喝。同时，烹调时要少盐、少姜、少蒜，使味道清淡，食物以粉、面、瘦肉、青菜、瓜类为主。北方夏至有吃面的习俗。面由谷物细磨制成，面条煮熟后好消化，可补脾益气。脾气强健则四肢有力，脾运化有源则除湿利水，可避免被湿邪所困而出现乏力倦怠的症状。面条过水后凉吃，对于脾胃基础情况不错的人来说，还能清热除烦，降胃火，解暑气。

作息也应顺应自然界阴阳盛衰的变化，此时宜晚睡早起，可用午休弥补夜晚睡眠的不足。年老体弱者阴阳俱虚，则应早睡早起，并适当午睡，在躲避中午高温的同时又能阳中求阴，减少

汗液排出，固护阴液。但是午睡时间不宜过长，醒来还要及时补充水分或适当进食含水分较多的果蔬，如西瓜、橘子、西红柿等。

在夏至这个自然界阴阳交替的节点里，希望我们能够注意生活当中的一些细节，把握好饮食作息规律，慢慢体会先贤们留下来的生活智慧，将养生文化传承下去，并从中收获健康快乐。

北京中医药大学东方医院骨科副主任医师　韩良

顺应自然调阴阳，静心养神白昼长

夏至在公历 6 月 21 日前后。这一天太阳直射地面的位置到达一年的最北端，是北半球一年中白昼时间最长的一天，也是一年中阳气最盛的一天。

夏至三候，一候鹿角解，二候蝉始鸣，三候半夏生。夏至之日，阳气渐衰而阴气始生，属阳性的鹿角开始脱落，曰"鹿角解"；夏至后五日"蝉始鸣"，雄蝉因感受阴气之生鼓腹而鸣；再五日"半夏生"，喜阴的半夏生长，也意味着夏天过半。

夏至作为天道阴阳的转折点，正所谓"冬至一阳生，夏至一阴生"，如此"阴阳争，死生分"的关键节点，我们既要保护阳气，更要顺应阴阳的变化特点，使阴阳两气相顺接。

一、情志养生：夏至养生先养心，调息静心以养神

"春夏养阳"，而养阳重在养心。《周易》认为：夏属火，对应五脏之心。夏至天气炎热，人们心情易烦躁，《黄帝内经》言：

"夏三月……使志无怒。"《养生论》云："更宜调息静心，常如冰雪在心，炎热亦于吾心少减，不可以热为热，更生热矣。"所以，保持心情愉快，减少情绪波动很重要。特别是老年人出现心肌缺血、心律失常、血压升高的情况并不少见，更需调息静心，调养心神，使神清气和，笑口常开。

二、起居养生：夜卧早起忌贪凉

夏至时节，昼最长夜最短，阳气盛极，阴气初始。人体应顺应自然界阴阳盛衰的变化，合理调整作息，晚睡早起，中午可休息半小时。对于年老体弱者则应早睡早起，尽量保持每天7个小时的睡眠时间。

夏日炎热，腠理开泄，睡觉时不宜直吹、久吹风扇或空调，避免感受风寒湿邪。

三、饮食养生：宜吃"苦"品"酸"，忌肆食生冷

夏至过后，阳极阴生，阴气居于内。饮食要以清泻暑热、增进食欲为原则。同时，夏至人体阳气最为浮盛，易出现咽痛、牙痛、口腔溃疡等"上火"症状，故宜多食苦味食物以清补，如芹菜、苦瓜、莴笋等。《黄帝内经》云："心主夏……心苦缓，急食酸以收之。"夏天多食酸味可固表敛汗，乌梅汤便是夏季消暑生津之良品。另外，夏日炎热，若常食冷饮冰品等，容易脾胃虚寒，引起胃痛、腹泻等，女性则容易出现痛经、经期紊乱、经量减少，甚至闭经等症状，故不宜肆食生冷。

四、运动养生：舒缓防过汗

夏至是一年之中日照时间最长、强度最大的时期。我们可在清晨或傍晚天气较凉快时进行舒缓的运动，如散步、慢跑、打太极拳等。不宜长时间剧烈运动，以防大汗淋漓，耗气伤津，出现头晕、胸闷、心悸、口渴的症状，严重时甚至发生昏迷。若出汗过多，可适当饮用淡盐水或绿豆盐水汤。切不可大量饮用凉水，更不能立即用冷水冲头、淋浴，否则会引起寒湿痹证、黄汗等多种疾病。

北京中医药大学东方医院二七院区妇科住院医师　易莎

小暑赐冰解暑气

　　小白说："这天气也太热了。师父，前面那群人排队在领什么东西呢，是在领冰块吗？"

　　师父说："今天是小暑节气。小暑在每年公历 7 月 6 日至 8 日的时候交节。暑就是热，小暑就是小热。《月令七十二候集解》言'暑，热也，就热之中分为大小，月初为小，月中为大，今则热气犹小也'。今天刚好又是农历六月初六。在民间，小暑前后有'六月六节'，又叫'天贶节'。据史书记载，这个节日始于宋代。'贶'就是赐的意思，所以'天贶节'就是天赐的节日。因为在当天，皇帝会向大臣赐冰麨和炒面，而且有颁发冰块的习俗。《燕京岁时记·颁冰》记载京师自暑伏日起至立秋止，各衙门例有赐冰。届时由工部颁给冰票，自行领取，多寡不同，各有等差。"

小白问："古代没有制冰机，也没有冰箱，冰块究竟是怎么制出来的？"

师父答道："古人有冰窖啊，冰块都是冬天收集起来的，然后放到冰窖里，等着三伏天拿出来用。你了解什么是三伏天吗？"

小白说："我知道三伏贴，但三伏天具体是哪几天，还请师父明示。"

师父说："传统历书上说'夏至三庚便入伏'，意思是从夏至日开始往后数，数到第三个'庚日'便开始入伏了。这里的'庚日'是指古代的'干支纪日法'中带有'庚'字头的那一天。'伏'表示阴气受阳气所迫藏伏地下。三伏有初伏、中伏和末伏之分。一般初伏在小暑前后，一伏十天，三伏天在小暑与处暑之间，是一年中气温最高且气候潮湿又闷热的时段。"

小白感叹道："怪不得天气这么热呢！师父，我们也去排队领冰吧。"

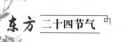

师父问："你有领冰证吗？"

小白说："我没有啊，师父您有吧……"

北京中医药大学东方医院心血管内科副主任医师　匡武

小暑节气热浪到，西瓜全身都是宝

《月令七十二候集解》中对于暑的解释是"暑，热也"。但是暑并不是单纯指热，它还带有一定的湿气。所以，小暑的意思是天气逐渐湿热，但还未达到最高点，所以叫作小暑。小暑节气之后，就算刮风或下雨，空气中都带着湿热、闷热的感觉。这种感觉很容易让人感到头晕、乏力，这些症状严重了，就是中暑的表现。

祛湿清热，宁心安神，是小暑节气的养生重点。另外，炎热的气候导致人体出汗较多，随着汗液又会流失很多营养物质，如B族维生素及钾、钠等矿物质。所以，小暑时节在饮食上也要注意补充水分及营养。

用荷叶、茯苓、绿豆、薏苡仁等材料煲成的消暑汤或消暑粥，都十分适合小暑时节食用。在常见的水果中，西瓜可被列为长夏季节最佳水果，主要是因为它的全身都是宝。西瓜口感香甜，很多人都喜欢它。红瓤西瓜富含番茄红素，黄瓤西瓜富含胡萝卜素和叶黄素，这些营养物质都具有抗氧化的作用，对身体健康有利。

另外，西瓜含水分较多，同时还含有维生素和矿物质。吃西瓜可以补充因流汗而丢失的水和营养物质。西瓜很甜，糖尿病人群是不是不能吃啊？随着培育技术的发展，西瓜瓤中的含糖量也逐年增加，味道更加香甜。但是总体来说，西瓜中的含糖量是低于苹果等常见水果的，所以就算是糖尿病人群也可以适量进食一些西瓜，每次吃200g左右就可以了。与此同时，西瓜皮，味甘性凉，入脾、胃经。《随息居饮食谱》认为它可以"凉惊涤暑"。而且西瓜皮的口感也不错，类似黄瓜，所以可以用它来凉拌、清炒或者是做馅。

凉拌西瓜皮最适合"厨房新手"了。做好的凉拌西瓜皮，不管是当作早餐的小菜，搭配粥、馒头一起食用，还是作为午餐或晚餐中的一道凉菜，都是不错的。

【凉拌西瓜皮】

原料：西瓜皮、盐、生抽、香油。

做法：西瓜皮去掉外层绿皮，切条后放盐腌制片刻。倒掉腌制后出的水，向西瓜皮中加入生抽及香油，喜欢辣味的可酌情放入辣椒等，拌匀后即可食用。

北京中医药大学东方医院营养科主治医师　魏帼

小暑节气心火亢，调养心神气通畅

小暑节气是二十四节气中的第十一个节气。这个阶段日光照射逐渐增强，天气日益炎热。小暑为小热，指还未到最炎热的时候。"倏忽温风至，因循小暑来。竹喧先觉雨，山暗已闻雷。"唐代诗人元稹用诗词准确地描述了小暑节气的气候特点：自然界阳气升发，风中夹着滚滚热浪，我国大部分地区进入雷暴最多的季节，小暑是一年中气温较高且气候潮湿又闷热的时段。"户牖深青霭，阶庭长绿苔。鹰鹯新习学，蟋蟀莫相催。"从此句中可知，小暑三候为一候温风至，二候蟋蟀居宇，三候鹰始鸷。进入小暑节气之后，草木庄稼都长大了，茂盛的树木在一畦紧挨一畦的秧苗上留下点点斑驳，蝉鸣聒噪，鸟雀啁啾，自然界呈现一片藩秀郁茂的景象。

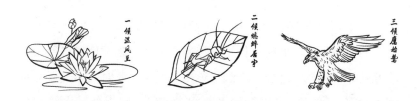

一候温风至　　二候蟋蟀居宇　　三候鹰始鸷

一、暑气通于心，勿"情绪中暑"

《望诊遵经》言："心属南方火，通于暑气，在时为夏。"小暑节气，阳气比较旺盛，外界炎热的天气会影响心，使心火亢盛，心神不守，进而出现诸多问题，如心浮气躁、烦躁不安、注意力不集中、疲乏倦怠等，更有甚者会出现暴怒的情况，影响正常的工作与生活。我国古代，人们就发现小暑节气对心志产生的影响，"使志无怒"便是《素问·四气调神大论》对于我们的教诲。小暑节气要重视心神的调养，力求神清气和，胸怀宽阔，对外界事物要充满兴趣，保持平和愉悦的心境，以利于气机的通畅和心神的调养。

二、阳气浮于表，防"洞泄寒中"

夏季阳气旺盛，外界接受光照的强度增强。根据"天人合一"的中医理论，此时人体阳气浮越于外。正如"使气得泄，若所爱在外，此夏气之应，养长之道也"所言，此时人体气血分布体表较多，居于体内脏腑的气血相对不足，脾胃处于虚弱的状态。小暑节气具有暑湿夹杂的气候特点。脾喜燥而恶湿，湿邪最易困滞脾胃，导致消化不良、食欲不振、洞泄寒中。暑热季节也是肠道传染病多发的季节，稍有饮食不慎，就很容易感受邪气，出现各种胃肠不适症状，严重者可因剧烈腹泻导致水、电解质紊乱甚至有生命危险。因此，调护脾胃显得极为重要。

三、小暑节气养生小妙招

（一）午时小憩

午时是现在的 11 点至 13 点，是心经当令的时辰，此时心经较为旺盛。这时我们应保持心神安逸平和，吃完午饭，安静地睡一觉，使心神内敛，避免发散耗越。小憩可养心、养神、养气、养血。在午时能睡上片刻，对于养心大有好处。但是我们也要注意，午睡的时间最好控制在 30 分钟左右。

（二）饮食调护

小暑节气，防暑湿非常重要。我们可以多喝茶水、绿豆汤，或用荷叶、冬瓜、茯苓、扁豆、薏苡仁、猪苓等材料煲成的汤或粥，这些饮食物具有防暑祛湿之功效。但是，不可过食寒凉瓜果、冷饮冰糕，以防影响脾胃的运化功能。

多喝茶水、绿豆汤

材料：荷叶、冬瓜、茯苓、扁豆、薏苡仁、猪苓

北京中医药大学东方医院心身医学科副主任医师　邢佳

大暑赏荷要早起

师父道："小白，该起床了，今天我们要去看荷花。"

小白说："师父，我还想再睡一会儿，您自己去吧。"

师父念道："'夏三月，此谓蕃秀，天地气交，万物华实，夜卧早起。'小白，夜卧早起啊。"

小白道："'夜卧早起，无厌于日，使志无怒，使华英成秀，使气得泄，若所爱在外，此夏气之应，养长之道也。'师父，看荷花哪天不能看啊，再说了也不用这么早去吧。"

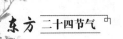

师父说："你书背得不错，但也要学会运用啊。今天是大暑节气，暑就是热的意思，大暑就是大热。这也是夏季最后一个节气，北斗七星斗柄指向南方，太阳黄经为120°，在每年公历7月22日至24日交节，差不多是每年中伏的时候，也是一年里最热的日子了。今天正赶上农历六月二十四日，是'荷花女神'的生日。'荷花女神'过生日不得打扮得漂漂亮亮的吗？所以今天是最佳的赏荷日。"

小白说："师父，《黄帝内经》不是说'无厌于日'吗？中午去赏荷岂不是更好。"

师父说："'无厌于日'是告诉你不要因为太阳太晒，而心生烦念，并不是要让你去顶着太阳晒。你想想，荷花上沾着晨露，在初升的阳光沐浴下，是不是很美啊。中午天气那么热，哪还有心思赏花啊。再和你普及一下，荷花的原产地就是我国，早在周朝就有栽培荷花的记载。《诗经·陈风》言'彼泽之陂，有蒲与荷'，屈原《离骚》曰'制芰荷以为衣兮，集芙蓉以为裳'。你还想到了哪些有关荷花的诗文？"

小白答道："接天莲叶无穷碧，映日荷花别样红。"

师父说："不错！它的全身都是宝，荷花、荷叶可清热祛暑，荷梗能清热除湿利尿，莲藕可健脾生津养胃，莲子能健脾补肾止泻，莲子心可清心除烦泻火。"

小白说："师父，我还想到了周敦颐写的《爱莲说》，'予独爱莲之出淤泥而不染，濯清涟而不妖，中通外直，不蔓不枝，香远益清，亭亭净植，可远观而不可亵玩焉'。不过，今天只有赏荷这一项活动吗？我听说大暑还要喝羊汤。"

师父说："走吧，我们先去赏荷，然后去喝碗三伏天的羊汤，暖胃、祛伏阴、排毒。"

北京中医药大学东方医院心血管内科副主任医师　匡武

暑热伤津耗气血，消暑降温"三伏贴"

暑为阳邪，其性炎热，暑易夹湿。大暑节气是一年当中最热的时候，也是湿气最重的时候。湿热会让人身热、口渴、大汗出、疲乏、厌食……所以，我们可进食一些清热解暑的食物来缓解不适。生活中，我们有很多食物可以选择，如丝瓜、黄瓜、绿豆、豆芽、冬瓜、莲藕、荷叶、西瓜等。最简单的解暑方式是多饮水，每日饮水量可在 2000mL 以上；或饮有生津止渴作用的饮品，如酸梅汤、菊花茶、绿茶等。

大暑节气是脑血管病发病高峰时期。暑性升散，易耗气伤津，暑热可致腠理开，气虚无力收摄，致津液外泄，血液黏稠度增加。夏季因天气炎热，一部分人会贪凉吹冷风，寒性收引，脉管收缩，可导致瘀血阻络而致中风。因此，有脑血管病风险的人更需要注意消暑降温，补充水分。

暑热伤津耗气，且多夹湿邪困脾，如又贪凉饮冷，寒邪直中脾胃中焦之府，则损伤了阳气，需要温补中阳以恢复后天之力。《黄帝内经》云："夫四时阴阳者，万物之根本也。所以圣人春夏养阳，秋冬养阴，以从其根，故与万物沉浮于生长之门。"民俗也有"晒伏姜"的说法，就是伏天晒生姜，以除脾胃所受寒气。大暑节气，宜顺时而养，顾护体内阳气，故有"春夏养阳"之说。此时可适当食用温性食物，比如生姜、羊汤、鸭汤等，或用热水泡脚、洗热水澡，还可适当运动以助排汗，排除体内湿冷寒气。此外，大暑是全年阳气最盛、体表经络气血最为旺盛的时节，此时腠理开泄，有利于药物渗入。大暑节气贴三伏贴，更是"冬病夏治"的代表方法。

（晒伏姜）

（温性食物）

（热水泡脚、洗热水澡、运动）

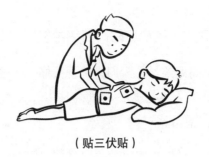

（贴三伏贴）

北京中医药大学东方医院脑病二科主治医师　程苗苗

湿热交蒸易损阳，饮茶烧香晒伏姜

大暑是夏季的最后一个节气，此时太阳到达黄经120°，正值三伏天的中伏前后，是一年当中日照最多、气温最高、湿气最盛的时期。

我国古代将大暑分为三候：一候腐草为萤，二候土润溽暑，三候大雨时行。大暑时节，湿热交蒸，民间自古有"饮伏茶""烧伏香""晒伏姜"的祛湿避暑习俗。"在天为热，在地为火。"这一时节对身体最主要的影响是伤湿损阳，故应防止暑热之邪和湿邪的侵犯，消暑护心才能安然度过盛夏。

一、情志养生：高热应防"情绪中暑"

大暑时节，高温酷暑，人们易出现头痛、头晕、口渴、多汗等中暑症状。同时，在湿热交蒸的环境下，人们也容易莫名其妙地心烦易怒，或情绪低落、食欲不振。此时应谨防"情绪中暑"！工作紧张、负面情绪不能及时得到疏解的人群，或老年体弱者会出现心肌缺血、心律失常和血压突然升高等一系列问题。因此，盛夏时节需调整生活工作的节奏，尽量心境平和，遇事多思、慎言、后行。

二、饮食养生：健脾祛湿以消夏

高温和潮湿是大暑时节的主要气候特点，因此饮食上要注意清淡而富有营养，可多吃能够消暑清热、化湿健脾的食物，如丝瓜、苦瓜、西红柿、西瓜等时令蔬果；少食辛辣刺激、肥甘厚腻及生冷之品。肥甘厚味容易生湿、生痰，痰湿蕴久则生内热，滋腻妨碍脾胃运化，还会加重胃脘胀满。摄入过多煎炸类食物容易造成内热，热灼津伤则阴虚内热。所以盛夏之际，饮食养生需注意清淡为宜，健脾祛湿。

三、起居养生：养心为要

安寝乃人生最乐。古人有言"不觅仙方觅睡方"。中医讲"人卧则血归于肝"。充足的睡眠不仅养肝血，更养心神。《千金要方》说"凡眠，先卧心，后卧眼"。所以，睡前不做剧烈的运动，应先使心神安定；早晨醒来，也应先醒心，再醒眼，做完熨眼、叩齿、鸣天鼓等保健动作后再下床。

四、运动养生：适量为宜

大暑节气，湿重于热，湿邪困阻肌表，经络气血不通，易出现身体酸楚笨重、疲倦易困等表现，故应适当运动。建议清晨或黄昏进行 20～30 分钟的低耗氧运动，如慢跑、打太极拳等。运动后可适量喝些热茶或绿豆汤等防暑饮品。

五、穴位养生：温阳祛湿

大暑时节，对于阳虚畏寒、免疫力下降、易过敏的亚健康人群，可以通过艾灸温养脾阳以补中虚，健运脾土以助运化、祛湿邪。可选用关元穴补阳益气，补肾固本；太白穴健脾升清阳。

夏无厌于日。虽然酷暑难耐，但还是应珍惜每个夏日，借天之阳补人体之阳。这样既可以发散体内长久积累的阴寒，同时也能积蓄阳气固护肌表的卫气，以抵御秋冬的寒气，做到少生病、不生病。

北京中医药大学东方医院西院区妇科住院医师 易莎

立秋贴膘有学问

小白说:"师父,我昨晚夜观天象,看到北斗七星斗柄指向西南了,应该是立秋了,我都感觉到一丝凉意了。"

师父说:"是的,立秋是太阳到达黄经 135°,于每年公历 8 月 7 日左右交节。这里的'立'与立春的'立'意思一样,都是开始之意。'秋'字最早见于商代的甲骨文中,繁体字从禾从龟。'禾'指谷物、收成,'龟'指龟验。《说文解字》解释'秋,禾谷熟也'。所以秋其实就是春耕时烧灼龟甲以卜算秋天谷物的收成,在甲骨文中被借用为'秋天'。不过立秋还是挺热的,毕竟还没出伏天呢,你这丝凉意可能是'秋老虎'带来的。"

小白问："师父，什么是'秋老虎'？"

师父答道："古人认为四方有神明镇守，分别是东方青龙、西方白虎、南方朱雀、北方玄武。'四神'也称'四灵'，'四灵'随着季节转换。冬春之交，青龙显现；春夏之交，朱雀升起；夏秋之交，白虎露头；秋冬之交，玄武上升。立秋这个时候刚好就是夏秋之交，'白虎'开始露头了。'白虎'一出现，给人一种恐怖宁静的感觉，所以会有一丝凉意。"

小白说："难怪我觉得后背发凉呢，原来是'白虎'来了。先人们祭祀，是不是也是怕这个老虎啊？"

师父说："其实古人祭祀的理由有很多。传说天上有掌管春夏秋冬四季变化的神明，春神句芒、夏神祝融、秋神蓐收、冬神玄冥。在这些重要的节气，人们往往会举行盛大的仪式祭拜相应的神明。《后汉书·祭祀志》记载'立秋之日，迎秋于西郊，祭白帝蓐收，车旗服饰皆白，歌《西皓》、八佾舞《育命》之舞。并有天子入圃射牲，以荐宗庙之礼，名曰躯刘。杀兽以祭，表示秋来扬武之意'。白帝蓐收就是老虎形象，东晋郭璞为《山海经》作注时是这样描述的'金神也，人面、虎爪、白毛、执钺'。秋天是收获的季节，也是肃杀萧条的开始。"

小白说："原来是这样啊。师父，秋季是不是还有'贴秋膘'一说？"

师父说："'贴秋膘'也是有学问的，你还是慢慢学吧。"

北京中医药大学东方医院心血管内科副主任医师　匡武

暑气渐退秋风袭，小儿养生来健脾

二十四节气中的第十三个节气是立秋，在每年公历 8 月 7 日至 9 日，是秋季的第一个节气。这意味着秋季的来临，暑气渐衰，天气转凉，是阳气渐收、阴气渐长，进入秋收冬藏的过渡时期。古人把立秋当作夏秋之交的重要时刻，一直很注重这个节气。"三伏里立秋"，意味着这个时期的气候特点是暑湿未去，凉燥已袭。对于小儿来说，这个时期应照顾好其脾胃、养护好其肺，才能平稳度过寒冬。

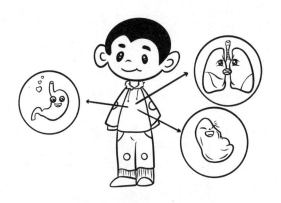

经过了一个"苦夏"，暑气渐退，秋风袭来，好多人似乎食欲增强。立秋时节，民间素有"贴秋膘"的习俗。小儿也可以"贴秋膘"吗？中医学认为，脾胃者仓廪之官，脾喜燥恶湿，而夏季的暑湿之气，往往阻碍脾的运化，使人没有食欲，不少人因暑贪凉，过食寒凉生冷之品则更易损伤脾胃。所以，此时饮食仍要以清补为主，荤素搭配，营养均衡，多食用一些具有健脾利湿作用的食物，如山药、薏苡仁、扁豆、赤小豆、木瓜、莲子、芡实等，同时可以服用中药或运用小儿推拿进行调理，早日恢复脾胃的运化功能，为随后寒冬的来临做好准备。

立秋以后，人们经常感觉口干、皮肤干，甚至流鼻血，这是常说的秋燥吗？在中医五行中，肺属金，与秋相应，且有"秋气通于肺"之说。而秋季的气候特点为燥气当令，易伤津液。肺开窍于鼻，外合皮毛。人体感受燥邪后往往表现出口干、皮肤干、干咳、鼻燥，甚至流鼻血的症状。

如果有这些问题，在生活中应该如何调理呢？饮食上以滋阴润肺为原则，可以吃些百合、银耳、苹果、莲藕、梨等，尽量减少进食辛辣烧烤类食物。另外，肺为娇脏，不耐寒热。虽已立秋，但昼夜温差较大，故应注意适当增减衣物，同时避免冰镇冷饮、瓜果类食物的摄入。"形寒饮冷则伤肺""重寒则伤肺"，且小儿具有"肺常不足"的生理特点，患有咳喘的小儿更要格外注意，可以运用"节气贴"来补养阳气，减少冬季咳喘类疾病的发生。

家长们要注意了，立秋尚未入秋，在警惕"秋老虎"的同时，更要顾护好小儿脾胃、养好其肺，为寒冬做好准备！

北京中医药大学东方医院儿科副主任医师　霍婧伟

立秋莫忘防暑湿，养护脾胃免暴食

立秋确实意味着秋季来临，但是立秋后我们依旧处在暑伏天气中，所以立秋时节也不能忘记防范暑湿之邪。立秋以后，要注意饮食不能凉润过度，可以进食一些既能除湿又不伤人体津液的食物，比如绿豆、荷叶、冬瓜等。而太过滋腻的蜂蜜、甘蔗、龙眼等，则暂时不要吃太多。

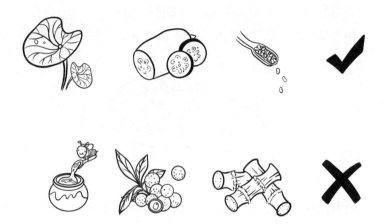

给大家介绍一款简单易操作的食疗方——瓜皮茅根粥。

将白茅根煎取汁，西瓜皮削去外面青皮切小块。用白茅根水、西瓜皮、赤小豆和粳米一同煮成粥即可。

这道药膳可以在暑热烦渴、小便短赤的时候食用。其中，西瓜皮可清暑除烦，利尿解渴；白茅根能凉血清热，利尿通淋；赤小豆能利水消肿；粳米可健脾和中，既能养护脾胃，又可防止寒凉太过而伤胃。以上食材煮成粥后，祛暑热的同时又能养护人体津液，故适合在立秋时节饮用。

立秋时"贴秋膘"是有讲究的。要注意此时暑湿之邪仍在，容易让人们出现少气懒言、倦怠乏力的表现。一旦暴饮暴食，会加重脾胃负担，导致消化不良，发生胃肠疾病。

给大家推荐一款"贴秋膘"又不伤胃的食疗方——柚子炖鸡。

将柚子剥皮，去筋皮，除核取肉。鸡肉洗净切块，焯去血水。将柚子肉和鸡肉一同放入炖盅内，置姜片、葱白、百合于鸡肉四周，放适量食盐、味精，加开水适量，炖盅加盖，置于大锅中，用文火炖4个小时，取出食用即可。

脾胃虚弱、食积的人群还可以通过食用这道药膳来健脾消食，润肺安神。柚子肉具有健胃化食、下气消痰、润肺生津的作用；百合可润肺止咳、清心安神；鸡肉能温中益气；生姜可化痰止咳、和胃止呕；葱白能辛温通阳。虽然这道药膳具有健脾胃的作用，但进食时还是要注意食用量，不可进食过多，否则不仅损伤脾胃，还有可能因为能量摄入过多，而导致肥胖，血糖、血脂升高等问题。

北京中医药大学东方医院营养科主治医师　魏帼

处暑送鸭不生病

小白说："师父，我有个疑问，今天是处暑，但上一个节气是立秋，我怎么感觉像是倒退回夏天了呢？"

师父说："你犯了两个错误。首先，'暑'并不是夏天，《说文解字》言'暑，热也'，热不代表是夏天。其次，这个'处'字，有止的意思。'处'字从夂从几。'夂'古同'绥绥'，意为慢慢行走的样子；'几'指凳子。'夂'与'几'联合起来，意思就是慢慢地走到凳子边上坐下来。所以'处'的本义是止息、停留。处暑也就代表热慢慢停止了。三伏天大约就是在这个时候终止了。所以，也有人将处暑称为出暑。从此时起，炎热的天气才逐渐结束，真正的秋凉开始了。"

小白说："谢谢师父，这下我明白了，原来是出暑啊！"

小白念道："疾风驱急雨，残暑扫除空。因识炎凉态，都来顷刻中。纸窗嫌有隙，纨扇笑无功。儿读秋声赋，令人忆醉翁。"

师父说："也不一定都像诗中所写那样，每一年的气候不同，大家所在的地方也不同。不过，这个时候真是'一场秋雨一场寒'啊。这个时候的美食也很多。所谓'七月半鸭，八月半芋'，古人认为农历七月中旬的鸭子最为肥美、有营养。北京人会在此时买百合鸭，而江苏人会在此时做好鸭子菜，端一碗送给亲朋好友，寓意'处暑送鸭，无病各家'。处暑也是渔业收获的好时候，此时鱼虾贝类都已成熟，适合捕捞。沿海地区要举行隆重的'开渔节'欢送渔民开船出海。"

　　小白说："原来如此，我终于知道吃北京烤鸭最好的时间段了。处暑吃鸭，肥美到家。"

　　　　　　北京中医药大学东方医院心血管内科副主任医师　匡武

处暑天气热转凉，养生知识知多少

　　处暑是由炎夏向秋凉转换的过渡期，气候会发生显著变化。唐代诗人白居易久居长安，其所著的《早秋曲江感怀》中的两句诗详细描述了处暑节气的特征，"离离暑云散，袅袅凉风起。池上秋又来，荷花关成子"。

　　前一句意指暑气到此为止，天上的云彩也显得疏散自如，不像大暑之时浓云成块，此时也不像夏季那样炎热，让人感觉舒适许多。后一句则指出处暑节气农作物已进入成熟期，荷花已谢，莲子成熟。关于处暑，大家了解多少呢？

处暑，即出暑。"处，止也"，暑气至此而止矣，表示炎热即将过去，暑气即将结束。处暑是反映气温变化的一个节气。处暑前后，气温下降逐渐明显。人体出汗明显减少，水盐代谢功能逐渐恢复平衡，机体进入生理休整阶段，会出现疲惫感。同时，处暑正处在由热转凉的交替时期，自然界的阳气由疏泄趋向收敛，人体内阴阳之气的盛衰也随之转换。基于人体这样的生理变化，缓解"秋乏"、预防外感邪气可从以下 4 个方面入手。

一、起居养生

《素问·四气调神大论》言："秋三月，此谓容平，天气以急，地气以明，早卧早起，与鸡俱兴，使志安宁，以缓秋刑，收敛神气，使秋气平，无外其志，使肺气清，此秋气之应，养收之道也。"此句指出，此时人们应早睡早起，保证睡眠充足。早睡可避免秋天肃杀之气，早起则有助于肺气的舒畅。午睡也是处暑时的养生之道，通过午睡可弥补夜晚睡眠不足，有利于缓解秋乏。同时，因昼夜温差大，早晚应适当添衣，但此时添衣应遵循"春捂秋冻"的原则，以自身不觉寒为度。

二、饮食养生

饮食上要预防秋燥，多食能够滋阴润肺的食物，如蜂蜜、银耳、梨、百合等。李时珍《本草纲目》记载蜂蜜"清热也，补中也，解毒也，润燥也，止痛也"。蜂蜜有养阴润燥、润肺补虚、润肠通便的功效，因此被誉为"百花之精"。中医学认为，银耳味甘淡，性平，归肺、胃经，具有润肺清热、养胃生津的功效，可防治干咳少痰或痰中带血丝、口燥咽干等症状。

三、运动养生

处暑之后，秋意渐浓，正是畅游郊野、迎秋赏景、登高望远的好时节。秋季运动可选择快走、登山、打球等。对于老年人来说，运动要以"不累"为标准。运动时间最好选在早晚。

四、情志养生

处暑时自然界出现一片肃杀的景象，人们易触景生情而产生悲伤的情绪，不利于人体健康。因此，处暑时要注意收敛神志，切忌情绪大起大落。平时可通过听音乐、练习书法、钓鱼等方式以安神定志。

北京中医药大学东方医院康复科主任医师　王嘉麟

北京中医药大学东方医院康复科住院医师　赵欣然

处暑润燥兼养肺，平衡膳食营养补

处暑，即出暑，炎热离开，暑气渐消，天气开始转向凉爽。当外界的暑湿之邪退去后，养生的重点就可以转换为滋润平补、润燥养肺了。不过这个时候的补养应以平补为主，因为天气虽然开始凉爽，却没有完全寒凉下来，燥邪以温燥为主，所以既要润燥养肺，又不能太过温补，以防滋生内热。

我们常吃的食物，如苹果、梨、石榴、柚子、葡萄、枇杷、菠萝、芝麻、糯米、粳米、蜂蜜、桔梗、银耳、莲藕等，具有柔润的作用，可以益胃生津，缓解秋燥而不滋生内热。

根据本地的气候特点进食适当的食物、药物，并逐渐形成风俗习惯，是广大人民长期生活经验的体现。譬如有些地方喜欢吃鸭肉，鸭肉的肉质鲜嫩肥美，营养丰富，含有人体所需的蛋白质、脂肪、维生素，以及钙、磷、铁、锌等多种营养元素。但是进食鸭肉时需要去皮，同时要控制食用量。中医学认为，鸭肉具有甘平微寒的特性，可以补气益阴、利水消肿。中医药膳中的常见做法是蒸、熬汤。但是结合民间饮食习惯，可以略做调整，改为熬粥，同样兼具补肺润燥、养胃生津的作用。

给大家推荐一款药膳粥——鸭肉粥。

先将鸭肉去皮、去油脂，切小块。白萝卜、山药、莲藕洗净切片。葱切碎成葱花。然后将鸭肉、粳米放入砂锅中，加适量水。武火煮开后，改用文火将鸭肉煮至半熟，后加入白萝卜、山药和莲藕，继续煮至鸭肉熟后，加少许葱花，用食盐调味后即可食用。

鸭肉具有滋五脏之阴、养胃生津的作用，白萝卜可以清热益胃，山药和莲藕能健脾滋阴。喝这款粥，可以平补滋阴，清热益胃。

再给大家推荐一款方便携带的茶饮方——生津茶。

将青果、石斛、菊花、荸荠、麦冬、芦根、桑叶、竹茹、莲藕、梨等食材去皮切片，放入清水煎煮后代茶饮即可。

桑叶、菊花清热宣肺；麦冬、石斛、芦根、莲藕、梨滋阴润燥；竹茹、青果、荸荠清热化痰。这款茶饮方以润肺为主，兼顾清热，十分适合处暑时节饮用。

北京中医药大学东方医院营养科主治医师　魏帼

白露采露温差大

小白说："师父，今天好凉快啊。我查日历发现今天是白露节气，然后突然想到《诗经》里面的'蒹葭苍苍，白露为霜。所谓伊人，在水一方'。《诗经》里面的'白露'是不是说的就是这个节气啊？"

师父说："《诗经》里面的'白露'是指秋天晨起的霜露，并不一定就是白露节气，时间可能比白露节气更晚。

"白露这个节气于每年公历9月7日至9日交节。这个时候，白昼阳光尚充足，气温相对尚高，但傍晚后气温便很快下降，昼夜温差大，白露应该是一年中昼夜温差最大的节气。《素问·阴阳应象大论》中讲过'地气上为云，天气下为雨'，雾露雨霜等都是天气下降凝结而成。白露节气之时，天气肃降，昼夜温差大，空气中的水汽容易凝而为露。《月令七十二候集解》中对白露的解释是'水土湿气凝而为露，秋属金，金色白，白者露之色，而气始寒也'。天气如果再冷一点，降下的水湿之气就会凝结成霜，秋天里的另一个节气霜降就是这样来的。"

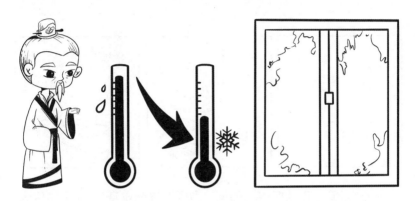

小白说："原来如此。师父，白露的三候：一候鸿雁来，二候玄鸟归，三候群鸟养羞具体是什么意思？"

师父说："鸿雁是二月北飞，八月南飞，所以很显然历书的作者是南方人。玄就是黑色，玄鸟其实指的是燕子，'玄鸟归'的意思是燕子会在白露第二候的时候飞回来。三候群鸟养羞中的'羞'同'馐'，指美食。所以，这句话的意思是群鸟感知到秋天的肃杀之气，纷纷开始储食以备冬，如藏珍馐。此外，白露时节昼夜温差大，寒湿之气开始凝结于下，如果不知道养生，就很容易感伤湿气，所以《黄帝内经》中有'秋伤于湿，冬生咳嗽'之说。"

　　小白说："以前听老人们说'白露节气勿露身'，原来是因为怕侵染湿气啊。您不说的话我还以为白露这一天都要待在房间里别出门呢！"

　　师父说："以前的人还会特意趁白露这个节气去采晨露呢！这时的晨露是一味上等的药材。李时珍曾在《本草纲目》中记载'百草头上秋露，未晞时收取，愈百病，止消渴，令人身轻不饥，肌肉悦泽……百花上露，令人好颜色'。"

　　小白说："谢谢师父，我要去采露了。"

　　师父笑道："哈哈哈，现在已经日上三竿了，哪还有露水啊。"

北京中医药大学东方医院心血管内科副主任医师　匡武

白露饮食防秋燥，运动养肺来"藏娇"

　　白露节气的到来意味着气候正式转入秋天模式：暑气逐渐消逝，气候干燥，昼夜温差增大，风逐渐变多，寒气渐长，天气迅速转凉。白露时节多呈现"风清冷，云高远，气干燥"的天气状态。很多人会发现，每年到这个季节都会出现咳嗽、哮喘、皮肤枯槁、畏寒、无汗等症状。其实这些都是肺经出现了问题。

　　时令至秋，暑去而凉生，草木皆凋。秋令气燥，与肺气相应，肺为娇脏，喜润恶燥，易失宣降。我国古代医家观察总结：肺为娇脏，喜润恶燥。而白露仲秋正是燥邪风寒渐长的时候，这

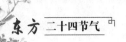

对肺经而言是不利的。有什么好办法能够保护娇嫩的肺脏，解决这些季节难题呢？做到以下几点其实就可以了。

第一，食补滋阴。秋梨可润肺，饮梨汤是秋季养生妙法。在其中加入百合、麦冬、枇杷等，能更好地起到生津解渴、润肺止咳的作用。此外，还有很多我们熟悉的果蔬也有滋阴润肺的功效，如金橘、无花果、莲子、杏仁、冬瓜、莲藕、白萝卜等。若气温骤降，体寒身痛，可用羊肉、白萝卜、胡椒做汤，来温补散寒。但是无论哪种食物，都不可单独过量食用，宜适当配伍，制作成养生佳肴来享用。

第二，呼吸吐纳。古人认为，肺开窍于鼻；肺为华盖，主表；肺主气，主呼吸，主宣发肃降。深呼吸、歌唱、呐喊时可使肺充盈，能让肺气宣发，舒畅调达。大口呼气可以呼出体内浊气；深吸气有助于获取更多清气，让正气生化有源。我们可以试着晨起时用鼻深吸气，再用口大口呼出，反复数次，可觉神清气爽，能预防咳喘、胸闷、气滞、气逆。

第三，适当运动。运动到微微汗出正合适。适量运动可使毛孔打开，肺气通调，水道畅通。我们可选择骑车、散步等运动项目。肺，其华在毛，在体合皮。微微汗出可让皮毛得以濡养，避免皮肤干燥、毛发干枯。运动时不宜暴汗，以免耗伤阴液，伤气。

第四，"秋冻"要适可而止。"春捂秋冻"这句古训并不是指秋天就应该少穿挨冻。天气变化时，肩颈上肢的保暖尤为重要，

以防止肺经感受风寒。若冷风直吹，极易导致阴寒入肺经诱发鼻炎、哮喘、肩周炎、颈椎病等病。此外，还需注意调畅情志。若身边人曾有抑郁症相关病史，此时则尤其要注意情绪波动。家人、朋友应多鼓励陪伴患者，注意倾听和关注，防止秋季悲伤情绪加重，诱发情志疾病。

总之，肺是非常重要的，肺是娇嫩之脏，在白露节气尤其要注意保护好它，以维持人体气机协调。肺气向上散布精微，滋养皮肤、毛发；向外宣发卫气，固护体表进而"温分肉，肥腠理，司开阖"。希望这些建议能够有所帮助。让我们轻松健康地享受这个凉爽舒适的秋季吧！

北京中医药大学东方医院骨科副主任医师　韩良

白露养生敛正气，按摩穴位好睡眠

"水土湿气凝而为露，秋属金，金色白，白者露之色，而气始寒也。"夏天残留的暑气逐渐消散，天地的阴气上升扩散，夜晚渐凉，昼夜温差大，寒生露凝，这是《月令七十二候集解》对白露的描述。

一、白露养生，注重"收敛"

白露节气，最明显的感觉就是昼夜温差加大，夜间会感到一丝凉意，虽然暑热可能不会突然退场，但是闷热感会逐渐退去，早晚添了一份秋天的凉意。《黄帝内经》谓："秋三月，此谓容平，天气以急，地气以明，早卧早起，与鸡俱兴，使志安宁，以缓秋刑，收敛神气，使秋气平，无外其志，使肺气清，此秋气之应，养收之道也。逆之则伤肺，冬为飧泄，奉藏者少。"这句话讲的是秋季的 3 个月，自然界景象因万物成熟而平定收敛。此时，天高风急，地气清肃，人应早睡早起，与鸡的活动时间相仿，以保持神志的安宁，减缓秋季肃杀之气对人体的影响，收敛神气，以适应秋季容平的特征，不使神思外驰，以保持肺气的清肃功能，这就是适应秋令的特点而保养人体收敛之气的方法。若违逆了秋收之气，就会伤及肺脏，使提供给闭藏之气的条件不足，冬天就要发生飧泄疾病。因此，秋季养生应顺应自然界收敛之规律，以敛阴护阳为根本。我们该如何抓住这个调养的"黄金季节"呢？一定要早入睡，享受高质量的睡眠。

二、睡前按摩，享高质量睡眠

睡前按摩 3 个穴位，让你一夜到天亮。

第一个穴位：肝经太冲穴。太冲穴位于足背侧，第一、第二跖骨结合部之前凹陷处。辛苦工作了一天，按压这个穴位时会感到非常酸痛。我们轻轻点揉太冲穴，左右各 1 分钟，稍有酸胀感即可。该法可疏肝理气，化解郁闷，使心情平静缓和。

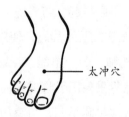

太冲穴

第二个穴位：脾经公孙穴。公孙穴在足内侧缘，当第一跖骨基底的前下方，赤白肉际处。重油、重盐的快餐会让胃肠的负担加重，久坐一天缺乏运动会使肠胃蠕动减慢，感觉总是腹胀反酸，胃不和则卧不安。点揉公孙穴，向跖骨的方向用力，左右各点揉 1 分钟，可健脾和胃，加强消化能力，远离腹部"游泳圈"。

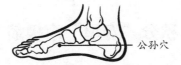

公孙穴

第三个穴位：肾经涌泉穴。涌泉穴位于足底部，蜷足时足前部凹陷处，约当足底第二、第三跖趾缝纹头端与足跟连线的前 1/3 与后 2/3 的交点。双手点揉各 1 分钟，慢慢体会温热的感觉由足底涌向全身。该法可温阳益肾。

涌泉穴

每天晚上坚持泡脚 15 分钟左右，之后再做一做穴位推拿，睡得会更香。

北京中医药大学东方医院推拿理疗科主治医师　刘杨

秋分"寿星"南极翁

师父说:"小白,快看,我们今天运气不错,见到南极星了,也就是我们常说的'寿星'。"

小白说:"师父,这就是'寿星'啊,不仔细看真的很难看出来。"

师父说:"是的。南极星,又叫寿星,或南极仙翁、老人星。它是很难见到的,一年之中也只有在秋分之后才有可能见到,且一闪而逝,春分过后,更是完全看不到。古时把南极星的出现看作祥瑞的象征,因而历代皇帝都会在秋分这日,率领文武百官到城外南郊迎接南极星。《史记》记载'狼比地有大星，曰南极老人。老人见，治安；不见，兵起。常以秋分时候之于南郊'。今天我们师徒二人真的是非常幸运啊！"

小白说："师父，我还听说过'春祭日，秋祭月'。关于'秋祭月'，有人说是秋分祭月，也有人说是中秋祭月，这到底是怎么一回事？"

师父说："确实有'秋祭月'的说法。《礼记》记载'天子春朝日，秋夕月。朝日之朝，夕月之夕'，说的就是秋分傍晚祭月。《礼记》中还有'祭日于坛，祭月于坎'之论述。坛是用土石堆砌成的台子，坎是在地上挖出的大坑。祭祀月亮的时候是在坑中设坛。很显然，坛高起代表着阳，坎低陷象征着阴。随着时间的推移，原先为朝廷及上层贵族所奉行的祭月礼仪也逐渐流传到民间。秋分日一般在农历八月里，具体日期每年是不同的，故不一定能碰巧赶上月圆之夜，因此会有'笑他拜月不曾圆'的诗句。而祭月无圆月确实大为遗憾。渐渐地，人们就将'祭月节'由秋分挪到中秋。尽管以前的宫廷祭月还在秋分，但在民间，祭月、赏月渐渐合二为一，固定在了中秋这一天。"

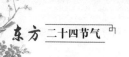

小白说："原来如此，谢谢师父。我要回去拿望远镜，看看这'寿星'到底长什么样。"

北京中医药大学东方医院心血管内科副主任医师　匡武

"自古逢秋悲寂寥"，秋分养生不可少

"秋分者，阴阳相伴也，故昼夜均而寒暑平。"秋分节气，大

地阳气由向外扩散转为向内收敛，人与天气相应，人体也会发生相应的变化。《素问·四气调神大论》言："秋三月，此谓容平，天气以急，地气以明，早卧早起，与鸡俱兴，使志安宁，以缓秋刑，收敛神气，使秋气平，无外其志，使肺气清，此秋气之应，养收之道也。"

秋分以后，气温骤降，气候干燥，人体易出现鼻干、咽干、咽痒、皮肤干燥等疾病，故在饮食上要及时补水以预防秋燥，且应避免过于寒凉。补水不仅要充足饮水，也要注意皮肤保湿。秋分之燥偏于凉燥，一场秋雨一场凉，饮食上要以温润为主，可进食如百合、银耳、蜂蜜等。也可熬制一些养生粥品，如核桃莲子粥，主要材料为粳米、核桃、莲子、山药、红糖各适量，具有健脾益气，滋阴养胃之效；红豆粥，主要材料为大米、赤小豆、桂花、红糖适量，具有滋阴养血之效。

作息方面要早睡早起。秋分早晚温差大，需及时增减衣物。对于免疫力低下的儿童及老年人，更要及时增减衣物，并且要注意脚部保暖。对于免疫力较强的成年人，适当添加衣物，避免过度增衣导致火热内生。

很多人都有晨起锻炼的习惯，运动中有没有哪些注意事项呢？

秋分，天高气爽，是锻炼的大好时机。此时，人体阳气也逐渐内收，在运动时要选择舒缓、运动强度小的项目，如打太极拳、慢跑、做八段锦、散步等，以防汗出过多，耗损阳气。另外，在运动过程中，要及时补充水分以防秋燥，注意饮水时要避免过凉、过猛，遵循"少量多次"的原则。

　　秋分，气温下降，万物凋零，情绪多会产生波动，正如古人所说"自古逢秋悲寂寥"。从天人相应的角度来看，肺属金应秋，五志合忧。肺气亏虚的中老年人更易产生伤春悲秋的情绪。所以我们要保持心情调畅，多参与户外活动，保持积极乐观、淡泊宁静的心态。

　　秋分时节的养生关键在于滋阴养肺，健脾益气。我们可以用拇指指腹点按足三里、三阴交、合谷、关元等穴位，以局部酸胀感为度。此法能补益正气，预防气候突变时的邪气侵袭，从而达到保健养生之效，适用于健康及亚健康人群。若有基础疾病者应及时到医院就诊。

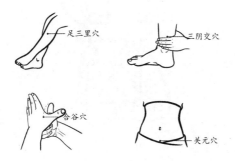

　　　北京中医药大学东方医院康复科主任医师　王嘉麟
　　　北京中医药大学东方医院康复科住院医师　赵欣然

秋分时节情绪愁，缓解"悲秋"不发愁

正值秋分时节，林黛玉又犯了咳嗽病，病情日益加重。一日傍晚，突然变天，淅淅沥沥地下起雨来。林黛玉凄凉地拿起一本《乐府杂稿》来读，不觉心有所感，于是写下《秋窗风雨夕》。"秋花惨淡秋草黄，耿耿秋灯秋夜长。已觉秋窗秋不尽，那堪风雨助凄凉！"

全诗环绕着秋字，通过对一系列秋天景物的渲染，展示了陷于恶劣环境的孤弱少女的满怀愁绪和无边伤感，从而预示她难以逃脱的悲剧命运。

为什么会"悲秋"？

秋天，本应是硕果累累、收获的季节，但在一些人眼中，秋天透露着无限悲凉。漫长的中国文学史上，"悲秋"一直是长盛

不衰的主题。或许是这个季节特有的景象，也或许是因为部分人内心愁苦，所以眼中所见也是悲凉。

中医学秉承天人相应的理论，认为秋三月，天气清肃，深秋的肃杀之气对人有一定影响，因此情绪会较前低沉。西医学也对这种情绪做过研究，目前公认的原因有二：一是由于秋冬季日照时间减少，使人体内褪黑素增加，进而产生了抑郁情绪；二是天气变冷导致新陈代谢变慢，这也是季节性抑郁症的发病原因。

"悲秋"正常吗，它是一种疾病吗？

大多人的"悲秋"情绪比较轻微，并不影响生活和工作，所以这种"悲秋"情绪通常无碍。

但若深陷"悲秋"不能自拔，做事提不起兴趣，或什么都不想做，甚至出现无望、无助、无用之感，同时工作和生活也受到了影响，出现思维迟缓、社交被动等，那就不仅仅是"悲秋"这么简单了，很有可能患上了季节性抑郁症。这种抑郁症发作大多数始于秋季或冬季，同时多伴有睡眠、食量、体重增加的现象，是一种需要治疗的精神障碍，我们不能把它当作简单的"悲秋"而置之不理，延误治疗。

如何缓解"悲秋"？

1.起居调护。顺应气候变化，早睡早起。但这里的早睡早起并不是直接更改原有的作息规律，而是在原有的作息习惯基础上将入睡时间向前调整 15 ～ 30 分钟，尽量在晚上 11 点之前就寝。

2.饮食调护。秋季多燥，饮食当以滋阴润燥，养护肺气为原则，尽量少吃油炸、烧烤类食物，可多食梨、萝卜、枇杷、鸭

肉、山药等。若经常口干、咽干、便干的人，也可适当选择中药代茶饮，如用生地黄 3g，玉竹 5g，麦冬 5g，石斛 6g，当归 6g，五味子 3g，泡茶饮用。

3. 运动调护。秋季属于收敛的季节，宜"养收"，不宜剧烈运动，大量出汗，适宜进行轻柔和缓的运动、增强调节呼吸的功法训练，动静相宜，如打太极拳、做八段锦等。其中，注重吐纳调息的六字诀养生功尤佳。

4.情志调护。秋季应使情志安宁，收敛神气。我们可以聆听以商调为主的音乐，如《将军令》等曲目。同时，深而沉的腹式呼吸、正念冥想均可有效安神定志。

北京中医药大学东方医院心身医学科副主任医师　邢佳

寒露赏菊看枫叶

小白问："师父，今天怎么这么大雾啊？"

师父答道："今天正是寒露节气。《月令七十二候集解》记载'九月节，露气寒冷，将凝结也'。进入寒露节气以后，冷空气逐渐南下，昼夜温差比较大，所以南方湿气重的地方经常有大雾出现。"

小白说："这样看来，天气真的要变冷了。我说最近怎么总觉得没精神，原来是秋天的肃杀之气越来越强了。"

师父说："天虽将寒，只要心向阳光，人心向暖，就会发现寒露时节也有美丽的自然风景，那就是菊花与枫叶。《礼记·月令》中有'季秋之月，鞠（菊）有黄华'之句，《离骚》中有'朝饮木兰之坠露兮，夕餐秋菊之落英'之句，《西京杂记》中有'菊花舒时，并采茎叶，杂黍米酿之，至来年九月九日始熟，就饮焉，故谓之菊花酒'之言，这些都说明菊花与中华民族的文化早就结下了不解之缘。菊花既可以寄托哀思，也可以抒怀情志，如'采菊东篱下，悠然见南山'。菊花还是一味不可多得的好药材，《神农本草经》记载菊花久服能轻身延年。"

小白说："我最喜欢黄巢的那首《咏菊》了，'待到秋来九月八，我花开后百花杀。冲天香阵透长安，满城尽带黄金甲'。"

师父笑道："哈哈，那可是黄巢考试落第时，惆怅地站在长安城门前即兴写的。你可要好好学习啊。其实除了菊花，此时还可以赏枫叶。你应该特别熟悉'停车坐爱枫林晚，霜叶红于二月花'这句诗吧。诗中将霜叶写得很传神，诗人当时应该就是寒露节气前后去看的枫叶，漫山遍野的绚烂红色就像二月里盛开的红花一样。"

小白说："师父，今天我们还是去看菊花吧。"

师父问："为什么？"

小白答道："因为看枫叶还要爬山。"

师父说："秋天就应该去爬山，《荀子·劝学》说'故不登高山，不知天之高也'。现在秋高气爽，不登山怎知气爽？走吧，雾也散得差不多了，我们今天就去爬山看红叶。"

北京中医药大学东方医院心血管内科副主任医师　匡武

寒露惊秋遍地凉，养阴敛阳护健康

"袅袅凉风动，凄凄寒露零。"寒露是二十四节气中的第十七个节气。《月令七十二候集解》言："九月节，露气寒冷，将凝结也。"此时露珠寒光四射，寒意愈盛，故名寒露。寒露过后，燥邪当令，昼短夜长，寒气渐生，人体为了顺应四时的变化，阳气逐渐收于内，阴气逐渐盛于外。寒露养生应以"养收"为原则，

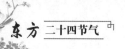

注意滋养阴精，收敛阳气。

俗话说"寒露寒露，遍地冷露"。如果说白露是炎热天气向凉爽天气的过渡，那么寒露则是天气由凉爽向寒冷的转折。这个时期的气温比白露时更低。地面上的露水快要凝结成霜了，寒露就要开始了，这个时节要特别注意保暖，不要赤膊露脚。俗语有"白露身不露，寒露脚不露"，就是说寒露后养生，腿脚保暖极其重要。老人、儿童和体质较弱的人要注意防寒保暖，逐渐增添衣服，尤其注意腿脚防寒保暖，以防寒从足生。

古人云"起居有节，作息有常"。寒露节气，天气渐寒，此时的起居该如何调整呢？

寒露以后，自然界中的阳气开始收敛、沉降。《黄帝内经》道："此秋气之应，养收之道也。"因此，寒露需收：收敛阳气，以顾护体内之阳气，抵御寒邪外侵。自古有"秋三月……早卧早起，与鸡俱兴"的说法，此时应顺应节气，分时调养，早睡早起，保证睡眠充足。早睡可顺应阳气收敛，早起可使肺气得以舒展，从而身体得到保养。

为什么很多人在此时会出现皮肤干燥、口唇干裂、舌燥咽干、干咳少痰、大便秘结等症状呢?

寒露时节,雨水渐少,天气干燥。此节气最大的特点是燥邪当令。因此,寒露要养:滋养阴精,以润肺健脾,防止耗伤阴液。此时宜多食甘淡滋润食物,如芝麻、银耳、莲藕、荸荠、百合、梨、核桃等;少吃辛辣食物,如辣椒、花椒、桂皮等。寒露时节,人体脾胃尚未完全适应气候的变化,故不能急于进食肥甘厚味,否则易使脾胃运化失常而生火、生痰、生燥,更易伤阴精。

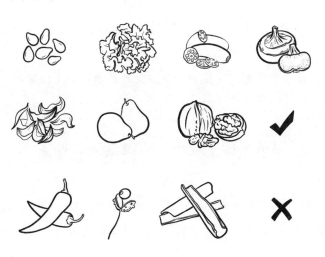

寒露以后，秋风肃杀，花木凋零，人们往往容易触景生情，引起忧郁、伤感的心绪。由于寒露的到来，万物随寒气增长逐渐萧落，阴阳之气开始转变，阳气渐退，阴气渐生，我们人体的生理活动也要适应自然界的变化，以确保体内的阴阳平衡。这个时候，我们可以通过与大自然的接触，增加日照时间，适当运动，放松心情。在北方可以登高远眺看红叶，在南方可以出游赏花秋钓边。"菊有黄华鸿雁飞"，此时温一壶菊花酒，品味秋景，陶冶情操，也是不错的方法呢！

大雁南飞，菊始黄华，寒露惊秋，养阴敛阳，大家做好准备了吗？

北京中医药大学东方医院经开区院区综合内科副主任医师　白桦

深秋寒露丰收季，水果滋润适当尝

寒露时节水果品类丰富，如石榴、山楂、梨、葡萄、桃等都是在寒露前后上市的。这些新鲜的水果含有较多的汁液，味道也以酸甜为主，性质较为平和，十分适合秋季食用。下面我们聊一聊寒露时节吃水果必须知道的一些事。

梨肉软嫩多汁，深受大众的喜爱。梨的进食方法有很多，可以直接吃，也可以榨汁，还可以炖煮成梨汤或者熬煮成蜜膏。梨吃起来很甜，是不是糖尿病患者不能吃呢？梨的含糖量通常在8%～15%，属于中等水平。而且梨的血糖生成指数（GI）不高，为36，属于低GI食物，所以糖尿病患者是可以吃的。另外，梨属于低钠食物，所以想要控制钠的高血压、肾脏疾病人群也是可以吃梨的。

葡萄是初秋成熟的水果，但在寒露时节依旧可以看到它的身影。葡萄的果实浑圆饱满、果肉晶莹剔透、质地软滑、味道鲜美。齿软的小孩和老人都可以进食葡萄。葡萄的含糖量在8%～15%，并且GI（43）也较低，糖尿病患者依旧可以适当进食。此外，它的含钠量也较低，适合高血压、肾脏疾病人群食用。葡萄被制成葡萄干后，糖和微量元素的含量相对增加，可以作为零食补充日常饮食中不足的能量及微量元素。

桃经常被视作福寿祥瑞的象征，在民间素有"寿桃""仙桃"的美称。其实，桃本身也是一种营养价值很高的水果，它的含糖量在10%左右，同时还含有胡萝卜素、B族维生素、维生素C等成分。桃属于高钾低钠的食物，GI（28）也较低，适合糖尿病患者及高血压人群进食。

石榴也是秋季常见的水果，并且在寒露前后大量上市，其含糖量在18%左右，相比梨、苹果等水果来说，含糖量较高。同时它的GI（67）也较高，属于中等GI食物，糖尿病患者要谨慎进食。不过石榴的膳食纤维含量较高，每100g含有4.9g的膳食纤维，同时钠的含量极低，属于典型的高钾低钠食物，适合高血压人群进食。

最后还是要提醒大家一句，现在市面上的水果种类丰富，季节性和地域性都不再那么明显。但还是建议大家选择新鲜的应季水果。水果也是植物的一种，鲜活有生命的水果水分含量较高，营养也较为丰富，其中含有的抗氧化物质会更多一些。食用这样的水果，对人体的健康也更为有益。

北京中医药大学东方医院营养科主治医师　魏帼

霜降拐枣直接吃

小白问："师父，这个东西歪七扭八的是什么啊？"

师父答道："这叫拐枣，是一种水果，你尝尝看。"

小白尝后，说："师父，没想到这东西看着不怎么样，吃起来还真香甜。"

师父说："我要是告诉你，它还叫枳椇子，你是不是就知道了。"

小白说："啊，原来这就是枳椇子啊，我学过这味中药，它是一味解酒的良药。师父您采了这么一大筐，难不成要解酒用？"

师父说："这东西还叫万寿果，我准备用它来泡酒喝。它不仅能解酒，《本草拾遗》记载其还能'止渴除烦，润五脏，利大小便，去膈上热，功用如蜜'。枳椇子没成熟的时候味道很涩，最好等经过几次霜打之后再采摘，这样才会如蜜甜。前几天刚好过了霜降节气，《月令七十二候集解》记载霜降'九月中，气肃而凝，露结为霜矣'。霜降来临表示天气逐渐变冷，露水凝结成霜。这个时候气温已经比较低了。风霜常常让那些敏感脆弱的蔬菜、水果经受不住，但是对一些耐寒的蔬菜或者水果经过霜打后会变得非常美味，比如柿子、萝卜等。早在两千年之前的西汉，就有'芸薹（萝卜）足霜乃收，不足霜即涩'的记载，意思是打了霜之后再收萝卜，否则萝卜口感会苦涩。有研究发现，经霜打的蔬菜、水果之所以能变得更甜、更美味，是因为它们自身启动了'防冻保护模式'，通过利用糖水冰点低的现象来保护自己。所以，我们一般在霜降之后采摘枳椇子。经过几次霜冻，其果梗变为红褐色时采摘，味道才会好。"

师父又道："你别只顾着吃啊，明早再帮师父采一些，那棵树挺高的，师父年纪大了，你帮帮忙。"

小白边吃边说："好的师父。这个拐枣确实好甜啊，嘻嘻！"

北京中医药大学东方医院心血管内科副主任医师　匡武

气温骤降霜降到，健脾护胃养生操

霜降时节，霜气开始从天而降，气温骤降，昼夜温差大。作为秋季的最后一个节气，过了霜降，就开始正式进入冬天了。"霜降时节，万物毕成，毕入于戌，阳下入地，阴气始凝。"天气渐寒，始于霜降。元代文人吴澄将霜降分为三候：一候豺乃祭兽，二候草木黄落，三候蛰虫咸俯。此时豺、豹这类动物开始捕获猎物准备过冬；树叶都枯黄掉落；需要冬眠的动物也藏在洞中不动不食，进入冬眠状态。此时，所有的动植物都开始储备能量，准备迎接严寒、缺少食物的冬季。

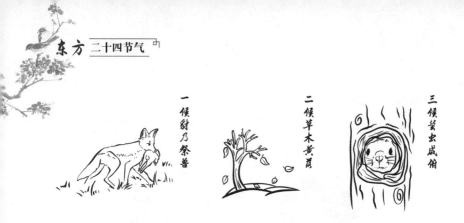

一候豺乃祭兽

二候草木黄落

三候蛰虫咸俯

霜降以后，人们的生活起居也随着季节的变化而发生改变。

从睡眠方面讲，《黄帝内经》提出"早卧早起，与鸡俱兴"，意思是秋天天气转凉，可以比平时早一点睡，以顺应阴精的收藏，同时又要早一些起床，以顺应阳气的舒长。

此时建议大家最好不要"秋冻"，尤其是老人、孩子和慢性疾病患者。早晚应适当添衣，最好养成睡前用温水泡脚10分钟的习惯。建议每天晒太阳30分钟，以增加阳气。

霜降为秋季的最后一个节气。秋令属金，脾胃为后天之本，此时宜平补，尤其应健脾养胃，以培土生金。古人有"补冬不如补霜降"的说法，因此民间有"煲羊肉""煲羊头""迎霜兔肉"的饮食习俗，以滋补阳气，顾护脾胃。

推荐给大家一些简单的补阳气的方法，快来一起做吧！

每天可以顺时针、逆时针摩腹各5分钟，同时揉关元、气海、中脘、天枢等穴位。此法能起到温中散寒，健脾行气的功效。

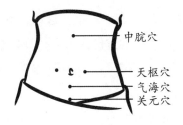

还可以运动做操。站立位，双手分别轻轻拍打四肢外侧和后背各5分钟，微微发红即可。此法可温经通脉，振奋阳气。手三阳经分布在手臂的外侧，足三阳经分布在腿的外侧和后侧，它们均属表。人体背部的经络主要是督脉和足太阳膀胱经。督脉总督一身之阳经，有统帅、调节、联络其他阳经的作用。足太阳膀胱经是阳气最多的，内连脏腑、外络肢节的阳经，可以治疗头面五官病，项、背、腰、下肢疾病，以及神志疾病。

北京中医药大学东方医院推拿理疗科主治医师　季伟

霜降时节防寒湿，艾灸治疗类风湿

霜降是秋季的最后一个节气。

古人认为"霜降时节，万物毕成，毕入于戌，阳下入地，阴气始凝"，而天气渐寒始于霜降。虽然霜降不表示降霜，但此时气温开始逐渐下降，尽管中午仍比较热，但昼夜温差明显。元代文人吴澄在《月令七十二候集解》中将霜降分为三候：一候豺乃祭兽，二候草木黄落，三候蛰虫咸俯，意思是霜降时节豺类动物开始捕获猎物准备过冬，树叶都枯黄掉落，而有冬眠习性的动物也开始藏在洞中不动不食即将进入冬眠状态。我国民间认为霜降时节最应重视防寒保暖，有"一年补透透，不如补霜降""补冬不如补霜降"等说法。有的省份在霜降时节有吃柿子的习俗，认为这样可以御寒保暖、补筋骨。还有的省份有"煲羊肉""煲羊头""迎霜兔肉"的饮食风俗。

对于类风湿关节炎患者而言，进入霜降时节就要开始防寒保暖，通过艾灸治疗可以预防病情反复。

一、艾灸治疗适用范围广泛

艾灸治疗适用范围广泛，适合于绝大部分类风湿关节炎患者，尤其对于存在显著的怕冷、畏风、关节冷痛的患者，效果更佳。

二、艾灸治疗方法简便多样

艾灸是以艾绒为主要材料制成艾炷或艾条，点燃后熏熨或温灼体表腧穴的方法，具有温经散寒、祛湿通络、行气止痛的功效。艾灸治疗类风湿关节炎操作简单易行。其有多种类型，如间接灸，也称隔物灸，即艾炷不直接接触穴位，而是将两者之间以药物隔开的一种施灸方法，间接灸的特点在于可以同时发挥艾炷与药物的共同治疗作用，具有双管齐下的效果；悬灸，也称隔空灸，即艾炷既不直接接触穴位，也不接触药物，而是置于穴位上方，隔空进行施灸的方法，悬灸作用温和持久，适用于绝大多数患者。

（间接灸）

（悬灸）

三、艾灸治疗不良反应少

艾灸属于中医外治疗法，一般对胃肠道、肝肾功能等无不良损害，适合长期使用。但需要注意的是，由于艾灸属于温热疗法，而类风湿关节炎患者以老年人群居多，因此治疗过程中需要避免出现皮肤烫伤。每次治疗时间不能过长，艾条与皮肤间的距离不能过小。此外，有皮疹等皮肤病变的患者，在治疗时也需要避开皮疹部位。

四、艾灸治疗效果明确

艾灸在类风湿关节炎的治疗中不仅具有缓解关节肿痛的作用，还可以降低肿瘤坏死因子、白细胞介素6等炎症因子水平，抑制淋巴细胞增生，有助于从根本上控制病情进展。此外，艾灸治疗还有助于防止类风湿关节炎患者出现肌肉萎缩，减轻软组织粘连。

北京中医药大学东方医院风湿科副主任医师　韦尼

立冬酿酒习俗久

小白说："师父，今天是立冬，我请您吃饺子。"

师父说："谢谢小白，一看你就是北方人，无论什么节日都可以用一盘饺子搞定。其实在古代，我国南方很多地区会在立冬这天开始酿酒。古书记载'乡田人家，以草药酿酒，谓之冬酿酒'。立冬是冬天的开始，《月令七十二候集解》说'立，建始也'，又说'冬，终也，万物收藏也'。春生夏长，秋收冬藏。一到立冬这天，真如明代松坛道士王稺登诗歌所言'今宵寒较昨宵多'。这个时候气温较低，容易使酒长时间处于低温发酵状态，而且细菌也不易繁殖，真可谓是酿酒最好的季节。比如以前的绍兴，便有于立冬之日开酿黄酒的传统习俗，至第二年立春为止，这段时间称作'冬酿'。这个习俗的历史悠久。人们会在开酿当天进行祭祀'酒神'的活动。有的还会在立冬这天举办'暖炉会'，就相当于现代的酒会。实际上，因为冬天农业活动相对减少了，随之而来的休闲时光也就增多了，所以人们借这个机会开展一些娱乐活动。当时的酒会活动丰富多彩，有吟诗唱曲、击鼓行令、听戏观舞等，不一而足。"

　　小白说："原来是这样啊。《礼记》说'是月也，以立冬。先立冬三日，太史谒之天子，曰：某日立冬，盛德在水。天子乃斋。立冬之日，天子亲率三公九卿大夫以迎冬于北郊。还，乃赏死事，恤孤寡'。原来古代的天子会在这天举行祭祀活动，赏先人有死王事以安边社稷者的子孙，没准赏的就是冬酿酒吧。"

师父说："孩子，酒从立冬日才开始酿造，哪有这么快就酿好的。赏的不过是一些吃的、穿的、用的。要说这饺子，那个年代还真没有。饺子应该是由馄饨演变而来的，古时有'牢丸''扁食''饺饵''粉角'等名称。也有说饺子是医圣张仲景所创，而且当时饺子可能是当药用的。张仲景用面皮包上一些祛寒的材料（羊肉、胡椒等）用来避免患者冬天耳朵上生冻疮。"

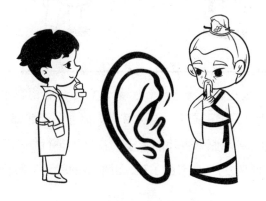

小白说："'饺子就酒，越喝越有'，哈哈，师父您先吃饺子，我给您打一壶酒去。"

北京中医药大学东方医院心血管内科副主任医师　匡武

188

立冬时节要养阳，中药足浴来帮忙

立冬是二十四节气之一。立，建始也，表示冬季自此开始；而冬则表示终结，万物活动趋向休止，养精蓄锐，为来年春天生机勃发做准备。因此，立冬也被认为是一年中休养生息的最佳时机。

俗语有云："立冬补冬，补嘴空。"春种、夏长、秋收，大半年的辛勤劳作消耗了劳动人民的精气神，而日渐寒冷的环境也会让身体对于能量的需求日益增加，因此立冬时节我国民间有"补冬"的饮食习俗。所谓"补冬"，即在立冬之后，通过进补富含蛋白质及脂肪的食物来补充人体不足的阳气，并祛除体内的寒湿之气。家家户户会在立冬时节杀鸡宰鸭，或买羊肉，并加入当归、人参等温补类药材一起炖食。民间也有用糯米、龙眼肉、糖等蒸成米糕食用的习俗。

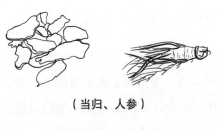

（当归、人参）

（米糕）

《素问·四气调神大论》记载："冬三月，此谓闭藏，水冰地坼，无扰乎阳，早卧晚起，必待日光，使志若伏若匿，若有私意，若已有得，去寒就温，无泄皮肤，使气亟夺。此冬气之应，养藏之道也。"由此可见，冬季是养护人体阳气的最佳时节。简便易行的中药足浴是冬季养护阳气的有效方法。

一、中药足浴的好处

我国民间自古就有"树枯根先竭，人老脚先衰""诸病从寒起，寒从足下生"等说法。不少医家及养生保健专家将双足称为人体的"第二心脏"，认为每天通过运动、按摩、泡洗等方法适当地对足部进行刺激，有助于改善下肢血液循环，还有助于维持人体正常的新陈代谢。

中药足浴是中医学极具特色的养生保健及治疗方法之一。其依托水的理化作用及中药的治疗作用，通过刺激人体足部及下肢诸多经络腧穴，而达到防病治病的目的。

二、冬季中药足浴的注意事项

首先，一定要注意水温，以 36 ～ 40℃为宜，不可过热或过凉。尤其是老年人群，皮肤对温度感应能力下降，故水温更不宜过高，以防烫伤。其次，足浴的水面高度建议超过足踝，若能使用足浴桶使水面高度达到小腿处则效果更佳。再次，进行足浴的最佳时间是晚饭后 1 小时或睡前 1 小时，不建议饭后立即进行足浴，而每次足浴的时间应该控制在 25 分钟以内。此外，足浴采用的中药方应由中医师制定或在使用前充分咨询中医师，不建议自行组方。

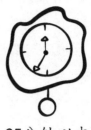

25分钟以内
36 ～ 40℃

三、不适宜进行冬季中药足浴的人群

中药足浴虽好，但并非人人适宜，尤其对于下肢静脉曲张及血栓患者、严重心脑血管疾病患者、病情控制不佳的糖尿病患者、有足癣等皮肤病的患者等，不建议进行中药足浴。

北京中医药大学东方医院风湿科副主任医师　韦尼

立冬食补三部曲，水饺南瓜和炖鸡

《月令七十二候集解》对"冬"的解释是"冬，终也，万物收藏也"。这句话的意思是在秋季成熟的农作物已经全部收晒完毕，均已收藏入库，常见的动物也已躲藏起来准备冬眠时，就意味着秋天终结，冬天来临。所以，立冬不仅代表冬天的来临，也代表秋季的完结，自然界已经收藏完毕，严阵以待寒冬了。

大家都听说过"立冬食补"的说法，但我国南北方地区对于

"补冬"也有着不同的风俗习惯。

南方地区的人们在立冬时，喜爱吃用鸡、鸭、羊制成的膳食，比如"羊肉炉""姜母鸭""油麻鸡""四物鸡"等。

下面给大家介绍一下具有益气补血作用的参归炖母鸡的制作方法。

主料：母鸡1只，党参、当归各适量。

辅料：葱白、生姜、黄酒、食盐各适量。

制作：母鸡去毛及内脏，冲洗干净，放入砂锅中，加清水、黄酒、葱白、生姜，旺火烧沸。撇去浮沫，改用小火炖至熟烂，再加入党参、当归、食盐，炖约半小时即成。

进食方法：每天进食鸡肉 50 ～ 100g，随餐进食，同时注意膳食平衡。其中用到的党参具有补气的作用，当归具有补血的作用，再加上能益精填髓的鸡肉，则比较适合气血亏虚、虚弱劳损的人群在立冬时节进食。

北方大部分地区的人们在立冬时喜欢进食饺子。冬天吃一碗酸汤水饺，暖心、暖身，还暖胃。

其实，南瓜也是适合在立冬时吃的食物。它不仅味道香甜，而且能量较低，每100g南瓜可提供22kcal的能量，远远低于米饭，是减肥人群的理想主食。同时，南瓜中富含南瓜多糖、矿物质元素（镁、锌、铬）等，十分适合糖尿病人群进食。立冬吃一些蒸南瓜，对身体健康有好处。

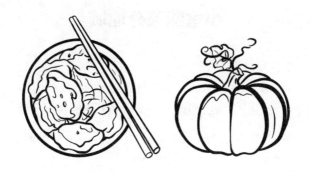

北京中医药大学东方医院营养科主治医师　魏帼

小雪腌菜分地域

师父说:"小白,快起床了,帮师父腌咸菜去。"

小白说:"师父,您忘了吗?'冬三月……早卧晚起,必待日光'啊!"

师父说:"你看看,这日光都到哪了。快起来,今天是小雪,帮为师腌咸菜去。"

小白说:"师父,你怎么骗人呢,外面那么大的太阳,哪来的小雪啊!"

师父说："我说的是小雪节气。"

小白说："哦，原来您说的是节气啊！是不是因为现在天气变暖了，所以才没下雪，可能古代这个时候真的经常下雪吧，要不然怎么给这个节气取名叫小雪呢。"

师父说："这还是要看地域。不过，小雪虽然已经是冬天的

第二个节气，但毕竟还没开始'数九'呢，大部分地区的气温还不是特别低，降雪的概率并不是很高，特别是在南方。小雪这个名字也只不过是代表天气越来越冷，降雨或者下雪越来越频繁，而不一定非要在这一天下雪。"

小白问："为什么一定要在这个时候腌咸菜啊？师父，我还想再睡一会儿。"

师父说："别睡了，已经日上三竿了。古代没有冰箱，也没有冷库。冬天，应季的蔬菜、水果已经很少了。所以，人们会在天气不算特别冷的时候腌点菜，等到寒冬腊月或刚开春的时候吃。"

小白问："小雪要腌菜，那大雪要腌什么？"

师父说："小雪腌菜，大雪腌肉。其实，一般北方地区有腌菜这个习俗，因为此时南方地区气温不是特别低，冬天也有一些应季的蔬菜，所以多不需要腌菜。南方有的地区会在此时晒鱼干、熏腊肉，因为冬季的雨雪天气会让人们不好出去捕鱼打猎。"

小白说："我明白了。师父，腌咸菜都有哪些讲究啊？"

师父说："走吧，先帮为师把那些菜洗干净了！"

北京中医药大学东方医院心血管内科副主任医师　匡武

小雪时节要进补，身强体壮去"打虎"

小雪是二十四节气中的第二十个节气，在每年公历 11 月 22 日或 23 日，即太阳到达黄经 240° 的时候。《月令七十二候集解》有云："十月中，雨下而为寒气所薄，故凝而为雪，小者未盛之辞。"意思是说这个时期天气逐渐变冷，"晚来天欲雪"，此时一般降雪量较小，并且夜冻昼化，故用"小雪"来比喻这个节气的气候特征。

俗话说"冬季进补，来年打虎"，即要求我们在小雪之际，要注重补养气血以增强免疫力。尤其是对于贫血的人群，此时是补血的最佳季节。同时，这个时候也是人体抵抗力相对较弱的时候，因此如果平时能多注重补血补气，就可以达到气血平衡、调养治疗的极好效果。此时，贫血的人群应如何补养气血，封藏正气呢？

一、饮食——温肾阳，养气血

小雪时节，天气寒冷，易伤肾阳，易损气血，故此时宜多食能够温肾或养血的药物和食物。如羊肉性味甘热，具有补肾壮阳，益气养血的功效，可以改善贫血患者乏力虚弱的症状；大枣是补血的首选食物，它含有大量的环磷酸腺苷，能调节人体的新陈代谢，使细胞迅速生成，并能增强骨髓造血功能，提高血液中红细胞的含量；葡萄性平，味甘酸，含有钙、磷、铁等矿物质元素，并有大量维生素和氨基酸，是体弱贫血者的滋补佳品，可以补气血、暖肾，对血小板减少有较好疗效。

二、运动——健体魄，强气血

太极拳和八段锦都是我国民间广泛流传的健身养生体操。锻炼时，应使身体微微出汗，不可大汗淋漓而损伤阳气。但是冬季气温低，所以建议在太阳出来后、阳气上升时运动，以采集天地之精华。气为血之帅，正气充沛，血随气行。因此，每天坚持锻炼可以促进机体血液循环，加快新陈代谢，在一定程度上可增加贫血患者的血容量。

三、情志——疏肝气，藏气血

研究表明，小雪节气前后气温低，人体容易出现抑郁情绪。中医学认为，肝主情志，主藏血。只有心情舒畅，肝才能发挥正常的疏泄功能和藏血功能，使气血得以调和、充足。保持愉悦的心情，不仅可以增强自身免疫力，还可以促进骨髓造血功能旺盛，因此我们要学会"保肝藏血"。

四、艾灸——经脉通，和气血

艾灸和按摩均属于中医保健外治的好方法。研究表明，艾灸既具有增加血红蛋白含量的功能，又对调节免疫功能、改善贫血患者乏力症状有明显疗效。应用艾灸能够补益患者气血亏虚的状态，提高血细胞数量。对于贫血患者，小雪节气更适宜在日常生活中采用艾灸来补气血。一般我们选择在肾俞、脾俞、关元、涌泉、太溪、八髎等穴位施灸。

总之，小雪是我们补益气血的最好时机。因此，我们要在此时注重养气血，从而真正做到"冬季进补，来年打虎"。

北京中医药大学东方医院血液科主任医师　丁晓庆

小雪时节天气寒，养生鲜汤来防寒

小雪前后，降水量会有所增加，但并不一定会下雪。而且初冬的寒冷，不是深冬那种"深入骨髓"的冷，而是一种带有少许清冽感觉的冷。人群体质的个体差异较大，所以衣着的选择也会有所不同。像体质强健的人群，初冬季节穿加绒衣物，甚至只是多穿一件外套就行，但怕冷的阳虚人群或气虚人群可能就要穿羽绒服了。

除依旧要均衡饮食外，我们还可以适当喝一些暖汤来温补脾胃，滋养自身阳气，以更好地抵抗将要到来的寒冬。

给大家推荐一款养生汤——芙蓉鲜蔬汤。

芙蓉鲜蔬汤的制作方法：将香菇焯水后切片，绿叶菜切段，胡萝卜切片。锅中放少许烹调油,烧热后加入胡萝卜片,翻炒片刻,再加入香菇片。胡萝卜片炒软后,加入较多的清水煮开。放入绿叶菜,等到再次开锅后,倒入打散的蛋液。等蛋液成形后,关火,加入食盐、香油调味即可。

入冬后,环境温度较低,人体对于微量营养素的需求增加。新鲜的蔬菜和水果是微量元素含量最为丰富的膳食种类。将以上食材烹调成汤的制作方法在减油少盐的同时,还可以提供一定的温度,适合初冬季节饮用。另外,这道汤以蔬菜为主,其中包含了绿叶蔬菜、菌类和橙黄色蔬菜,可以提供丰富的维生素 C、β - 胡萝卜素、叶酸、钙、维生素 B_{12} 等营养物质。该汤所含食物种类丰富,营养均衡。

再给大家推荐一款养生汤——萝卜丸子汤,以满足爱吃肉的人群。

萝卜丸子汤的制作方法：白萝卜切丝后备用；猪肉馅、姜末、葱末加少许食盐、五香粉等调味，打制成肉馅。锅中放入白萝卜丝及适量清水，水开后将调好味的肉馅挤成肉丸倒入锅中，待肉丸全部煮熟后，关火，放入食盐、香油及香菜调味即可。

白萝卜的营养价值高，还可以理气，冬天吃特别好。另外，很多老年人因为脾胃较弱、牙齿不好，导致进食量减少，营养素摄入不足。此汤将白萝卜切丝煮软，将肉类制成较为容易咀嚼的肉丸，不仅可以暖胃祛寒，还可以补充蛋白质、铁等老年人容易缺乏的营养物质。同时，白萝卜丝和肉丸还可以根据患者牙齿的接受程度，随意调整粗细、大小，对于牙齿不好的老年人来说非常合适。

北京中医药大学东方医院营养科主治医师　魏帼

大雪腌肉雪花飘

小白说："啊，下雪了，这次真下雪了。"

师父说："小白，你今天起得挺早啊！今天是大雪，快穿好衣服，跟为师出去买点肉。"

小白说："师父，这哪里算得上是大雪啊，顶多算是小雪。"

小白想了想又说："师父，我知道了。今天是大雪节气，您这是要准备腌肉。"

师父说："这回你总算是想明白了。快点收拾，为师再等你一会。"

小白说："'六出飞花入户时，坐看青竹变琼枝。'师父，您说古人也没有放大镜和显微镜，怎么能看得这么仔细啊？"

师父说："你是说雪花吗？"

小白说："是啊，我看科普书中说雪花大都是六角形。我刚才一直盯着这些雪花看，也没看出来啊！您说古人怎么观察得那么细致啊？"

师父说："古人早就观察到了这一点。自古就有'草木之花多五出，独雪花六出'之说。同阴阳易理结合起来，九是阳数的极数，所以君王叫'九五之尊'；六是阴数的极数，雪花刚好又是六角形，正对应六这个极阴极寒之数。"

小白感慨道："啊，原来雪花里还藏着这么多的奥秘呢！'六出花未央'，好有意境的名字啊！"

师父说："小白，快点走，跟为师去买肉。"

小白笑着说："嘻嘻，师父。这是今年的第一场雪，我们先玩一会雪，再去买肉吧！"

师父说："好吧！"

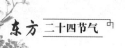

北京中医药大学东方医院心血管内科副主任医师　匡武

仲冬时节正开始，大雪益肾润肺时

"六出飞花入户时，坐看青竹变琼枝。"冬季第三个节气大雪的来临预示着仲冬时节正式开始。大雪过后，天气会越发寒冷，人们也纷纷开始准备过冬了。大雪节气有什么含义？我们又应该做什么来保持健康的身体状态呢？

从这天开始，气温会进一步下降，而与此伴随的则是降水量的相对增多，大部分地区则会表现为降雪量的逐步增加。古人根据大雪节气特征，总结出了大雪三候，即鹖鴠不鸣，虎始交，荔挺出。这是什么意思呢？一种名为"鹖鴠"的鸟类不再鸣叫；此时阴气盛极，初阳始升，老虎开始求偶；别名为"荔草"的马莲也因感受到阳气的到来而萌动出芽。

一候鹖鴠不鸣　　　二候虎始交　　　三候荔挺出

《黄帝内经》有云："故智者之养生也，必顺四时而适寒暑。"大雪节气之后，我们在饮食起居上也要进行相应的调整，方能做到"辟邪不至，长生久视"。此时气候寒冷，建议大家早睡晚起，晨练的时间也相应地向后调整，锻炼活动以平缓项目为主，活动强度循序渐进，运动前做好热身活动，如遇极端天气则暂停锻炼。运动时选择合适的衣物，避免运动过后的骤冷刺激。家中注意时常开窗通风，保持空气清新。

从饮食上来说，很多人都喜欢食用牛羊肉一类的高蛋白食物来升阳抗寒，但一定注意要配合一些富含维生素、高纤维的食物来润燥，如萝卜、红薯、蜂蜜、柚子等。大雪节气正值冬季，虽有降水量的相对增加，但天气仍以寒冷干燥为主，所以此时尤其注意要防燥护阴、滋肾润肺。

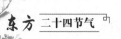

给大家推荐几个能够益肾润肺的小动作，我们一起来做吧！

1. 擦耳轮：拇指与食指相对，轻捏住耳尖然后向上提起，以食指桡侧上下往返摩擦耳轮前缘 30 次。

2. 推肺经：一侧手臂前伸，以另一侧手掌掌根部位从前臂外侧的尺泽穴，经列缺穴向太渊穴推动，可稍用力，30 次即可。

北京中医药大学东方医院推拿理疗科主治医师　白霄

大雪防寒要得当，单纯补阳不可尝

大雪养生以温阳进补为主，但是不能大肆进食温热食物。进食太多像羊肉、牛肉、花椒、辣椒等常见的温热食物，以及龙眼肉、枸杞子、干姜等药食同源中偏温热的药材，其实并不合适。因为现在的生活条件和古代相比差别很大。现在，家家户户都有暖气、空调，房间阴冷潮湿的可能性很小，同时又有羽绒服等防寒保暖的衣物来帮助抵御寒冷，所以人们阳虚的可能性不大。故在饮食方面，绝不能单纯地强调补阳，一定要延续小雪时的养生要点，以理气防内火为主。

虽然冬季人体阳气较为虚弱，但并不是没有阳气，阳气只是单纯地潜入体内，不外散于体表而已。所以，如果一味地进食温热性质的食物，而不疏散人体气机，则很容易出现内热滋生的情况，严重的还会损伤人体阴液，导致阴虚内热的情况出现。大雪节气的饮食养生，仍要坚持补阳和理气并存，健脾和养胃并重的原则。可适当增加羊肉、牛肉等温热性质食物的摄入量，同时生姜、佛手、橘皮、白萝卜等能够理气的食材也不能少。至于那些已经滋生内热的人群，可以用芦根、白茅根、淡竹叶等清热药来调理。

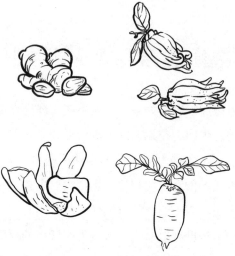

　　民间有"小雪腌菜，大雪腌肉"的习俗。今天我就带大家来做大雪节气的腌肉。只不过这里的腌肉是《饮膳正要》中记载的六味牛肉脯。

　　将牛肉洗净切小条。将胡椒、荜茇、陈皮、草果、砂仁、高良姜等六味药研成末，加入姜汁、葱汁、食盐与牛肉相合拌匀，放入坛内，封口，腌制两日后取出，再放入烤炉中烤熟即可。

　　胡椒散脾胃寒气，荜茇缓解脾肾虚寒，高良姜除脾胃寒气，草果善解胃肠之寒，这四味均是温里散寒之品，顺应了大雪节气补阳暖中的养生要点。同时搭配能够辛散温通的砂仁和能够理气健脾的陈皮，不仅可以散寒，还可以宽中理气，调节脾胃气机，防止内热滋生。另外，作为药膳的主要食材牛肉，其性质温和而不燥热，十分适合脾胃虚寒的人群在冬季食用。牛肉每日进食量以 50 ～ 100g 为宜，同时还要搭配蔬菜、粗粮等食物，做到合理膳食，均衡营养。

北京中医药大学东方医院营养科主治医师　魏帼

冬至饺子热气冒

小白问："师父，您在看什么呢？"

师父说："小白你快看，那有一朵祥云。"

小白说："师父，祥云不都是五光十色的吗？这朵祥云怎么是青淡颜色的？"

师父说："今天是冬至啊。《四时纂要》记载'冬至日有青云从北方来者，岁美，人安；无云，凶；赤云，旱；黑云，水；白云，兵及疾；黄云，土功兴'。"

小白说："原来是这样啊！"

师父说："二十四节气是根据天文历法制定的，节气与天象自然是分不开的，特别是冬至、夏至、春分、秋分。古代的智者们会通过观天象，来指导人事活动。古人十分重视冬至这个节气。它又被称为亚岁、小岁、一阳生等，是传统农耕社会中重要的节令时序和岁时节日。人们会在冬至时节举行丰富多样的民俗活动。明清以后，冬至节在民间日益隆重，各地区对其的称呼也各有不同，比如江苏扬州等地将冬至称为'大冬''长至'，山西翼城等地将其称为'豆腐节'，陕西米脂地区将其称为'熬冬'，甘肃部分地区将冬至称为'拜小岁'等。"

小白感叹道："冬至有这么多名字啊！"

师父说："是的。其实，冬至这天不仅对我国来说非常重要，它还影响到了许多周边国家。比如，曾经的朝鲜王朝向明清两朝政府派遣的外交使节中就有一种名为'冬至使'；越南传统历法也是以冬至为岁元，将冬至到第二年冬至定为一年，并以二十四节气划分四季。"

小白说："我知道冬至要吃饺子。师父，我们今天包饺子吧。"

师父说："好吧，听你的安排。"

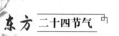

北京中医药大学东方医院心血管内科副主任医师　匡武

冬至时节疾病出，男性养生要预防

对于中国人来说，每年冬至这天，饺子是必不可少的节日饭。冬至为何要吃饺子呢？

据说这种习俗是为纪念"医圣"张仲景冬至舍药。张仲景曾任长沙太守，其辞官返乡之时看到白河两岸乡亲饥寒交迫，耳朵都冻烂了。他便让弟子支起大锅，将羊肉和一些祛寒药材放在锅里熬煮，然后将羊肉、药物切碎，用面片包成耳朵样的"娇耳"，让百姓服用，这才医好了百姓的冻疮。后来，百姓也学着做。"娇耳"逐渐改名为饺子、扁食等。至今，南阳仍有"冬至不端饺子碗，冻掉耳朵没人管"的民谣。

　　这就是冬至吃饺子的由来，隐藏在故事中的养生文化同样值得我们关注。冬至分为三候：一候蚯蚓结，二候麋角解，三候水泉动。冬至以后便开始"数九"了，每九天为一个"九"。"三九"前后，地面积蓄的热量最少，天气也最冷，民间有"冷在三九，热在三伏"的说法。人们认为，过了冬至，阳气回升，是一个节气循环的开始，也是养生的关键时期。冬至时节，男性养生要注意哪些事项呢？

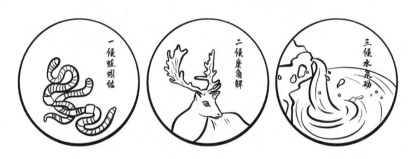

一、数九寒天要养阳

　　中国传统的阴阳理论认为，冬至日"阴极之至，阳气始生"。冬至过后，阳气始生并逐渐旺盛。因此，要注意补充阳气并固本培元。只有体内的阳气充足，机体方可安康无疾，继而才能益寿延年。

　　冬至时节养阳，首先要注意做好保暖工作，宜勤搓手、常晒背、暖双足（泡脚）。

其次，要在日常生活中坚持"行不疾步、耳不极听、目不极视、坐不至久、卧不极疲"，保持健康的作息规律。

最后，可适当吃一些温热食物，如羊肉、核桃仁、韭菜、枸杞子等，以温阳散寒，固护阳气。

二、预防前列腺疾病随冬而至

冬至时节，天气渐冷，男性的前列腺也容易"伤风感冒"。冬至过后的冬季是前列腺疾病的高发季节。骤冷的天气会使交感神经的兴奋性增强，让前列腺敏感地发生腺体收缩，造成慢性充血，进而加重前列腺疾病，引起尿频、尿急等症状。因此，天气越冷，男性就越要注意保护前列腺。

三、要预防泌尿生殖系统感染

首先要保证饮水。肾脏排泄尿液，对膀胱和尿道起着冲洗作用，有利于细菌的排出。每天规律饮水，能避免细菌在泌尿系统中繁殖，可降低尿路感染的发病率。其次别忘运动。适量的运动可以加速血液循环，增强抵抗力。"冬至一阳生"，适当运动也可顺应人体阳气升发。但有晨练习惯的人应注意，晨练时间不宜过早，以免诱发呼吸道及脑血管疾病，或使原有疾病复发。最后还要做好个人卫生。个人卫生对预防尿路感染是十分重要的。勤洗澡、勤更衣，特别是贴身衣物更要勤洗勤换，保持干燥清爽，避免细菌滋生。

总之，冬季是调养身体的好时机，而冬至时节又是冬季养生的重中之重。因此，大家要把握时机保养好自己的身体，充分做好预防和调护，这样才能拥有更强健的体魄以待来年。

北京中医药大学东方医院经开区院区泌尿男科副主任医师　刘绍明

冬至养生主闭藏，健康生活来帮忙

冬至是"数九寒天"第一日。《说文解字》言："冬，四时尽也。""冬"字从夂，"夂，古文终字"。"至"为极之意，《国语·越语》言："阳至而阴，阴至而阳。"冬至，阴极致，阳始生。此时，天地间的阴气已经达到了一年中最盛的时候，阴气至盛而衰，冬至之后，阳气开始萌发。

《素问·四气调神大论》言："冬三月，此谓闭藏。水冰地坼，无扰乎阳，早卧晚起，必待日光，使志若伏若匿，若有私意，若已有得，去寒就温，无泄皮肤，使气亟夺，此冬气之应，养藏之道也。"

人与天地相应，冬主闭藏，冬至阴气至盛，我们应如何顾护保养自身阳气呢？

一、起居有常——早卧晚起，必待日光

冬至节气，机体阳气内藏，卫外阳气不足。我们应早睡晚起、防风防寒、衣着周密以固护阳气，重点保护头颈、足底、胸背及关节，防止感冒或哮喘发生，减轻胸痹心痛及四肢痹痛的症状，不宜饮食寒凉、衣着单薄，也不宜有过劳、纵欲等行为扰动肾阳。

二、饮食有节——温补为主，适度为宜

冬至，阴极而阳生，是调补身体的好时机。食疗养生简单易行也更容易被接受。根据不同体质可选择不同的进补食物。

气虚之人可多摄入如糯米、山药、鸡肉等具有补气作用的食物。

血虚之人可多摄入动物肝脏、黑木耳、胡萝卜等。

阳虚畏寒者可多摄入羊肉、韭菜等。

阴虚者则可以多吃银耳、百合、梨等。但需注意以适度为宜，不可一味进补，致阳热内生，阴阳失衡。

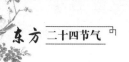

同时，冬季严寒，饮食偏于肥甘厚味，易内生痰饮，再加之冬季疫疠之气盛行，肺卫之气易受邪，故可使用由陈皮、山楂、麦冬、桔梗、百合等药物制成的代茶饮以达健脾益肺之效，保护自身正气。

三、运动适度——微微汗出，调节情志

冬至以后体育锻炼要适度。早睡晚起，注意防寒保暖，不宜剧烈运动，可选取的运动有快走、打太极拳、做八段锦、散步等。衣着宜宽松保暖，运动至周身微微发热。另外，冬季户外活动减少，更应避免过于抑郁、思虑，保持心情舒畅。可在天气晴朗时多晒太阳，积极进行如散步等户外活动。

四、重点人群——规律生活，谨防复发

防寒保暖，规律服药，定期检查身体；饮食清淡而富有营养，忌肥甘厚味；积极进行锻炼，增强自身体质；同时要保持心情舒畅，避免较大的情绪波动。若出现不适症状及时就诊，避免心脑血管疾病复发。

北京中医药大学东方医院康复科主任医师　王嘉麟
北京中医药大学东方医院康复科住院医师　赵欣然

小寒三九炖羊肉

小白说："师父，您今天起得真早啊！"

师父说："这还早啊？已经日上三竿了，你怎么还不起来呢？"

小白说："师父，今天真冷啊！我查了一下日历，原来今天是小寒。可是师父，我有一事不明，明明冬至的时候太阳照射时间最短，日影也最长，为什么一年中不是冬至最冷，反而是冬至之后的小寒和大寒更冷啊？"

师父说："你原来是怕冷啊，所以现在还赖在床上不起来。这个问题与夏至日照时间最长，而在其之后的小暑、大暑节气时天气更热一样。因为我们感受的热量虽然主要来自太阳的辐射，但是地球的土壤本身也能蓄积一些热量。冬至时节，虽然日照时间最短，但是土壤深层还有一些积存的热量可以散发出来，所以冬至并不是全年最冷的时候。反而到了小寒、大寒，土壤深层积存的热量已经很少了，日照时间又相对比较短，所以气温非常低。每年从冬至逢壬日起，中国即进入了'数九寒天'，俗称'交九'，之后每9天为1个单位，谓之'九'。过了9个'九'，刚好是81天，即为'出九'，那时就春暖花开了。"

小白说："一九二九不出手；三九四九冰上走；五九和六九，沿河看杨柳；七九河冻开；八九燕子来；九九加一九，耕牛遍地走。"

师父说："对，三九、四九差不多是小寒和大寒节气的时候。古人比较文艺，《帝京景物略》记载'冬至日，画素梅一枝，为瓣八十有一。日染一瓣，瓣尽而九九出，则春深矣，曰九九消寒图'。其中既记录了时间，又作了画。快起来吧，没听人家说'冬天动一动，少闹一场病；冬天懒一懒，多喝药一碗'吗？"

小白说："啊，那我赶紧起来。师父，我今天给您炖羊肉吃吧，暖身温阳。"

师父说："小白，你还挺孝顺的。快起来吧！"

北京中医药大学东方医院心血管内科副主任医师　匡武

小寒练习五心操，按摩穴位免唠叨

小寒是二十四节气中的第二十三个节气，冬季的第五个节气。

小寒养生先养心。冬季严寒，室内外温差大，容易引起血管收缩，血压易升高，患心脑血管病的朋友容易病情加重。每年这个时候，新发冠心病、脑血管病患者明显增多。因此，小寒养生，首先要养心，日常起居要做到以下几点。

1. 规律作息，心态平衡：充足的睡眠，平稳的心态，是身体健康的主要保证。情绪激动是心脑血管病的大忌。

2. 坚持适量运动，注意时间：生命在于运动，但应注意避免过劳，尽量在天气晴好的白天运动，适时适量。晨起时突然进行高强度锻炼，也容易诱发心脑血管疾病。

3.按时服药，不适随诊：冬季容易出现血压、心率、血脂、血糖等指标的波动，因此按时服药，定期监测非常重要。一旦出现血压、心率等有较大波动，伴有头晕、胸闷、心慌等不适症状，应及时就诊，防微杜渐。

小寒养生先养心。中医学认为"血遇寒则凝"，所以冬天心脑血管病容易发作。冬季天气寒冷，我们可以通过以下方法补充和固护阳气。

增加衣物，防寒保暖：出门前要关注室外温度，防寒保暖，可适当在楼道等处停留一会，以作为缓冲。

饮食丰富，适度进补：冬季要注意饮食种类丰富，避免暴饮暴食，避免过多摄入高盐高脂食物。体质虚寒的人，在日常饮食中多食用一些温热食物以补益身体，也可以在医生指导下辨证选用中药调理身体，温阳益气。

习做五心操：人体有 5 个中心穴位，经常按摩，可以养心，补五脏，强身体，抗衰老。冬季养心，可以常做五心操。

头中心：百会穴，位于头部，头顶正中心。按揉百会穴可治疗头痛、目眩、鼻塞、耳鸣、中风、失语、脱肛、阴挺、久泻、久痢。

胸中心：膻中穴，位于两乳头连线的中点。按揉膻中穴可治疗胸痹、心痛、心悸、心烦、咳嗽、气喘、气短、噎嗝、鼓胀、呕吐涎沫等。

腹中心：神阙穴，位于肚脐正中。按揉神阙穴能治疗消化不良、腹泻、腹痛、脱肛和中风等。

手心：劳宫穴，位于手掌心。按揉劳宫穴能治疗失眠、汗出、便秘、胃痛等。

脚心：涌泉穴，位于脚底心，是人体"长寿大穴"。按涌泉穴可治疗发热、呕吐、腹泻、五心烦热、失眠、便秘、昏厥、头痛、休克、中暑、偏瘫、耳鸣等。

百会穴、膻中穴、神阙穴可用掌心轻揉，劳宫穴、涌泉穴可用指尖或手指关节点按，力度适中，初始每个穴位 2 ～ 3 分钟为宜，每天 2 ～ 3 次，可获养心强身之功效。

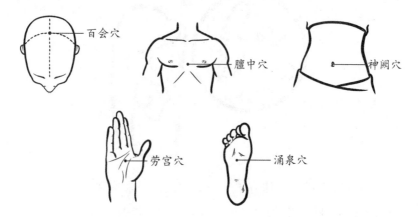

北京中医药大学东方医院心血管内科副主任医师　李岩

小寒天冷疾病防，暖汤足浴来保养

在字面意思上，小寒指的是天气尚未达到最冷的时候。但是最冷的三九天正好在小寒的时间段，所以民间也有谚语称"小寒胜大寒"。可以说，从小寒开始到大寒结束，这一段时间是一年中最冷的时候了。在这个时间段，南方似乎也不再温暖如春，或多或少都会出现气温明显下降的情况。所以这个时候的养生应当注意遵从自然界闭藏的特点，保养阴精，潜藏阳气。保暖的同时，防止外寒侵袭人体引发疾病。要想做到这一点，除了注意日常保暖，避免寒凉食物之外，还可以通过一些食疗方和足浴方来达到祛寒保暖的目的。

今天就给大家推荐几款受寒感冒后喝的暖饮。

姜糖苏叶饮，将紫苏叶、生姜各 3g，红糖 15g，共同放入杯中，加入沸水冲泡，温浸片刻即可饮用。如果发热、恶寒的症状较为严重，还可以试试五神汤，用荆芥、紫苏叶、生姜各 10g，加茶叶 6g，放沸水冲泡后，调入红糖 30g，趁热服下，然后盖被捂汗，汗出则症状缓解。糖尿病人群或者高血脂人群并不适合喝这两种暖汤。另外。如果病情较重或存在不明原因的发热，还是应当到医院就诊，不建议自行在家使用药膳食疗方，以免耽误病情。

冬季天气寒冷，四肢属于人体末梢，一旦受寒，出现寒邪阻络，容易导致冻疮等情况。所以，冬季四肢的保暖尤为重要，除了外出穿戴厚手套、鞋袜之外，还可以在家进行药物足浴，也就是泡脚。适合冬季小寒季节使用的是桂枝温经浴和防风强身浴。

桂枝温经浴：用桂枝、赤芍、干姜、细辛、鸡血藤、红花、当归煎汤后进行足浴，可达到温经通阳、散寒止痛的作用，比较

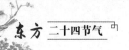

适合阳虚，容易四肢不温的人群使用。

防风强身浴：用防风、甘遂、芫花、细辛、桑枝、生姜、荆芥煎汤后进行足浴，可达到温经祛风的作用，长期使用可以增强身体的抗病能力，起到预防感冒的作用，比较适合体虚的人群在冬季使用。

泡脚时最重要的就是注意水温，以免烫伤，尤其是糖尿病人群，末梢神经受损，更容易出现烫伤的情况，所以在使用足浴的时候，最好提前试好水温。另外，足浴方属于外用方，只可以用作足浴，不能内服。

北京中医药大学东方医院营养科主治医师　魏帼

大寒三候冰冻透

小白说："师父，今天您是要请我吃鸡蛋吗？"

师父说："这些鸡蛋我是准备过几天孵小鸡用的。"

小白说："师父，天气还这么冷，过几天也不会有多暖和，能孵出小鸡吗？"

师父说："你看今天是不是已经到大寒节气了。大寒节气有三候，一候鸡乳，二候征鸟厉疾，三候水泽腹坚。意思是大寒时节，春气已经开始萌发，可以孵小鸡了；五日后，鹰、隼之类远飞的鸟行动更加厉猛、迅捷，可以看到它们盘旋于空中，到处找寻食物；再过五日，河里的冰会一直结到水中央，上下冻透，寒冷至极。"

小白疑惑道："天气还是很冷啊，为什么还有阳气萌动呢？"

师父说："你看那张太极阴阳图。冬至的时候阳气就开始萌生了，大寒节气的时候，地中的阳气上升较小寒节气的时候更加迅速，白昼也较小寒时间长。虽然从字面上理解，大寒感觉要比小寒冷，但在气象记录中，小寒往往比大寒冷，所以经常有'小寒胜大寒'之说。"

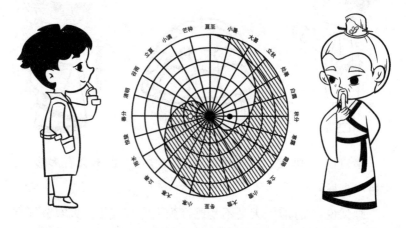

小白说："还真是这样啊，我也感觉这几天比前几天暖和了一些呢！"

师父说："你要是研究过中医五运六气的话就会知道，一年里最开始的气，即主气的初之气其实就是起于大寒交节之时，而不是立春。也就是说，一年的气运是从大寒节气开始的。"

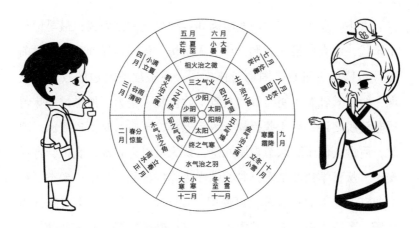

小白说："这下我明白老人们说的'大寒一过，又是一年'了。感谢师父这一年的悉心教导，弟子虽然愚笨，但也是收获满满。希望明年和您继续学习。师父，我看您这一篮子鸡蛋还是挺多的，也不用都拿来孵小鸡吧？"

师父说："哈哈哈，你也跟为师学习一年了，今天我就做点鸡蛋和之前腌制过的肉给你补一补。"

北京中医药大学东方医院心血管内科副主任医师　匡武

大寒时节易受寒，冠心病人当御寒

大寒为二十四节气中的最后一个节气，故有"过了大寒，又是一年"的俗语。此时正值岁末，临近春节，因此也有许多各具特色的民俗，如"食糯""做牙""扫尘""糊窗""洗浴"等，其中最广为熟知的便是喝腊八粥了。

腊八粥，又称"佛粥"，大多是由大米、小米、玉米、薏苡仁、大枣、莲子、花生、龙眼肉和各种豆类熬制而成，最早记载于宋代，由寺庙最先熬制，后为人所仿。传说，释迦牟尼成佛前每日苦修极少进食，因而身体虚弱，后被尼罗河边的牧羊女发现，给予其乳糜（奶与谷物共煮）后恢复了精力。他思忖一味苦行非解脱之道，后于菩提树下入定七日，于腊八时悟道成佛。因此，后世人们于腊八节食腊八粥，认为可以得到佛祖庇佑，吉祥安康。从科学角度来看，腊八粥亦为养生佳品。其中，米类可补中益气、养五脏；薏苡仁可燥湿，预防"三高"；豆类可降低胆固醇，预防心血管病，其中赤小豆又可健脾燥湿、利水消肿；大枣、莲子可养血安神；花生可润肺和胃等。

除了食疗，患有冠心病的中老年人在此年末之际，又该注意什么呢？

一、大寒时节易受寒

"小寒大寒，抱成一团。"大寒时节正值数九寒天，为一年中最冷的时候。寒邪肆虐，人体顺应天时，阳气闭藏，极易为寒邪所犯。若肺鼻先感，则会出现鼻塞流涕、恶寒咳嗽、头身疼痛等风寒感冒症状；若腰膝关节受寒，则会出现肢体经络痹阻，疼痛加重；若寒邪入里伤及阳气，则会出现各种脏腑阳虚的表现，尤以心为重。若素体心阳不足，加之寒邪入侵进一步耗损心阳，心气鼓动无力，则会导致心悸。心阳虚加外寒，心阳受损，心的功能减弱，则会诱发心衰。总之，此时天气寒冷，会提高心血管事件如冠心病、心绞痛、心律失常、心衰等的发生概率。

二、心系疾病易加重

中医学将心视为"君主之官"，主管全身血脉的运行。素有冠心病的患者脉道相较常人更为狭窄。寒又有收引之性，若人体受寒邪侵扰，则脉道会收缩更窄，气血遇寒则行缓，久之则成瘀血痹阻脉道，气血不通，不通则痛，发为心肌梗死。

三、大寒时节重防寒

"大寒大寒，防风御寒，早喝人参黄芪酒，晚服杞菊地黄丸。"古人对养生的探索从未停歇。从衣言之：此时一定要穿厚衣，防风寒，可戴帽子或围巾，尤其重视足部保暖。年轻人千万不要为了"风度"而失了温度，不然可就"露脚踝一时爽，老年腿痛泪汪汪了"。从食言之：此时可适当进食温补，稍加一些发散之物，如羊肉、大葱等，以迎接立春的到来。但不可暴饮暴食，过食油腻，蔬菜和水果不容忽视。从住言之：首先应当早睡晚起，即待到太阳出来之时再起床；其次要适当开窗通风，否则家中空气长久不流通，难免会产生污浊，影响健康；最后可用热水泡脚，少加花椒，或按摩涌泉穴（足底凹陷处）。从行言之：尽量不要在太阳还未出来时进行户外运动，最好在上午8～10点外出，可多晒太阳，运动强度也不宜过大，可选择健走等项目。

　　总之，大寒临近春节，此时人们最开心，也最忙碌，但也是最容易放松警惕的时候。在此期间，有冠心病的中老年人，一定要时刻提防受寒，一旦出现不适，万不可轻视，速到医院就诊，时间就是生命！

北京中医药大学东方医院心血管科主任医师　谢连娣

大寒天冷不畏难，日常调理远宫寒

大寒是二十四节气中的最后一个节气，始于每年的公历 1 月 20 日前后。此时我国大部分地区进入一年中最冷的时期，大风、低温、地面积雪不化，呈现出一片冰天雪地、天寒地冻的景象。

《三礼义宗》提道："寒气之逆极，故谓大寒。"正如大寒三候所描述：一候鸡乳，二候征鸟厉疾，三候水泽腹坚。此时，母鸡可以孵小鸡；鹰、隼之类的猛禽努力捕食，补充能量以抵御严寒；在一年的最后五天，河湖的冰也是最结实、最厚的，家长可以领着孩子们溜冰了。

大寒节气外寒重，容易损伤机体阳气，阳虚体质的人也更容易感受外寒。因此，冬季特别是大寒节气，尤宜固护阳气。肾阳为一身阳气的根本，"肾主生殖"，对于女性来说，此时更是调治月经病，远离宫寒的黄金时期。

很多痛经女性，在冬天尤其大寒节气期间，会出现手脚冰凉等症状，原有痛经症状也会加重。这往往是由于女性体质虚寒，肾阳不足，或嗜食寒凉食物，寒凝血瘀不能温煦子宫所致。也有部分患者因肾中阳气不足，阴寒内盛，不能温养脏腑，气血生化不足，而致月经推迟、量少。而这都与大家普遍认为的宫寒关系密切。所以，大寒时节女性养生要注意培补肾中阳气，远离宫寒。《黄帝内经》说："肾者，主蛰，封藏之本，精之处也，其华在发，其充在骨。"肾气不足，还会出现骨软无力、牙齿松动、毛发脱落、听力减退等问题。大寒节气，可从饮食起居等方面着重补肾。

一、饮食：补肾固精

冬季可相应食用一些温补之品，如荔枝、龙眼肉、核桃、花生、大枣、板栗、韭菜、牛肉、羊肉等。另外，黑色入肾，冬季可多吃温热性质的黑色食物，如黑米、乌鸡、黑豆、黑芝麻等。

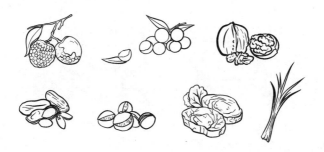

二、运动：太阳出来再运动

俗话说"小寒大寒，抱成一团。"适当运动，不仅能加速身体

气血运行，祛散体内寒气，还能提高身体免疫力，减少疾病发生。我们可在太阳出来后适当地进行慢跑、快走、打太极拳等运动。

三、睡眠：早睡晚起

此时，早睡晚起也是顾护阳气的一种生活方式。凡事不要过度操劳，注意保持心态平和。

四、保健：寒冬仍需润燥

（一）按揉穴位

按揉太溪穴：每天按揉 2 次，每次 10 分钟，具有补益肾气的功效。

按揉三阴交：每天按揉 2 次，每次 10 分钟，可调畅气血，延缓衰老。孕期女性不适宜按摩此穴。

按揉照海穴：每天按揉 2 次，每次 10 分钟，能滋补肾阴。

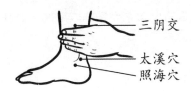

（二）中药足浴

每天坚持中药足浴，可促进足部血液循环，防止寒从脚起。

（三）艾灸

艾灸神阙、百会、关元等穴位可调理奇经，暖宫散寒。每日灸 30 分钟，1 周 1 ～ 2 次为宜。

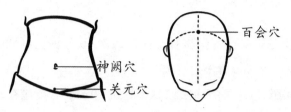

神阙穴

关元穴

百会穴

北京中医药大学东方医院二七院区妇科住院医师　易莎